序

對於茶，雖然不至於像對於酒那樣，我絕對不喝卻也喝得很少。現在我所喝的，就只是開水。

一天到晚在冬季我大約要喝一壺開水在夏季則至少兩壺，如果打了球那就三四壺都說不定。

我只用一把瓷壺不用杯子嘴對嘴喝着。我以為這種喝最衛生最爽快為什麼要用杯子多所麻煩呢反正這一把壺又只有我一個人喝。（偶然我的妻與兒女也要喝，我也由他們喝反正同為一家人，吃同一隻鍋子燒出來的同一隻碗盛出來的飯與菜要避免什麼不良的傳染也避免不到什麼地方去何況我相信我們一家人都十分健全誰的口腔裏也不含有一些傳染病。不過這也許不能通行到別人家去那末我還是主張一人一把壺去杯子就是了。）

我最不喜歡喝熱水瓶中倒出來的熱開水而只喜歡喝冷開水。這在夏天，固然很涼也許為別人所歡迎在冬天恐怕就有人要對之搖頭吧。但我卻以為冬天喝冷開水其味無窮並不下於夏天的冰淇淋。假使你不相信，請你嘗嘗看。

我這樣的喝開水不喝茶甚至冬天喝冷開水不喝熱開水當然是有原因的，並非我窮得連茶葉

1

都買不起，或故意要驚世駭俗作此怪僻的行為。原因很簡單，就是怕麻煩。既然喝茶是為了解渴，開水

冷開水都可以解渴，何必一定要喝茶要喝熱開水呢？若說喝茶並非為了解渴是為了享受茶味為了

助談與與人聯歡那末我沒有這種心思這種工夫由別人去吧，我不反對但同時我希望別人也不要

勉強我，勉強我去喝這樣的茶。

蘇州人上茶館似乎是很出名的，我曾在蘇州作過事可是一年之內我只上過一次，至多二次茶

館那是為了朋友約在那處不能不去。在故鄉，在別處，我就從來不一個人或和別人上茶館去喝茶除

了有時為人所約，非在這種地方不可之外。

不過我的喝冷開水也不自今日始。我從小就喝過各種水。我是鄉下人出身，我正可以告訴你一

些鄉下人，也就是我所喝的水。最普通的是缸裏的河水。這在我家，是用礬澄清過的。在有些人家根本

就不用礬夏天喝井水涼沁心脾決不下於冰凍荷蘭水池水我也喝過我最記得由我鄉間的故鄉上

城時，必須走過一個出名的「清水池塘」在熱天我走到那裏和別人一般總要蹲下去喝

一個飽。山間的泉水當然是最好的，我往往要伏下去作一會牛飲。此外還有「天落水」我也喝過甚

至我祖母所說的「竈家菩薩的汰腳水」就是「湯罐水」我也喝過。

我的祖母是不許我喝「生水」的，甚至也不給我喝開水，而給我喝茶但我也許生性不習上看

見左鄰右舍同樣喝着汙水並不哼一下肚子痛，我就羨慕得不得了。我要自由喝我不願意在喝時受束縛，所以在我的祖母管不着我時我就喝着上述的種種水僥倖我也並沒有因此鬧過一次肚子。二十多年前在上海有一年我就完全喝自來水原因是只有一個人不高興每天上老虎竈去泡開水結果也很好並沒有意外。

我的確主張喝生水。這有什麼不好呢？有幾個鄉下人是喝熟水的？我以為只要身體健康就會百病消除。不信，正可以使我們記起這樣的醫藥故事某醫藥教授在其身體健康時當衆喝下一杯霍亂菌結果揚揚如平時並來吐瀉據說航海的人缺了淡水只可以用布絞了鹹水喝旅行沙漠的人缺了鮮水連泥漿都會喝下去安知我們就不會有這一天呢？到了這一天你將如何呢（我主張積極的壓倒病菌的衛生不主張消極的處處向病菌示弱的衛生理由很多大家總能想到。）

我那樣的生水都喝過我的喝冷開水又何足爲奇！不但不足爲奇簡直已經很奢侈了烹熟的還要用瓷壺裝，雖然勉強取消了一隻杯子。

不過我在鄉間的兒童時代，到底是喝茶的時候爲多，而喝生水或開水的時候爲少。原因就爲了我的祖母是「城裏人」出身，她的飲食起居不同於一般鄉下人，所以我在解渴時總喝着茶。

最普通的茶是到街上去囘買來的茶梗泡的軸的味道平常得很，無可紀念使我至今還忘不掉

的，是這幾種茶：一焦大麥茶這是許多種田人都喝的，其甘香之味，我以爲遠勝於武彝或普洱二，鍋巴

茶。據說從前某皇帝正德或乾隆出外「游龍」在一個鄉下人家喝了鍋巴茶，回到皇宮裏因爲御茶

房燒不出這種茶殺了不知多少人其味之佳可想而知。三棠棣茶。這是生在山上的較小的一種山楂

樹將牠的葉子採回來炒焦了也可以泡茶吃我家沒有偶然在鄰家喝到其味似乎有些澀的。四夏枯

草茶這也在鄰家喝到有些藥味不過澀與藥也另有清涼之味。

我家還背買茶葉——其實是茶梗——，所以還有眞正的茶喝，一般鄉下人，如果是喝茶的，就大

都只用焦大麥與鍋巴來泡茶。因爲這不必費錢去買大麥與鍋巴，都是自己家裏有的東西只要炒炒

焦就是了。還有些人家，爲了捨不得大麥與鍋巴，而也要嘗嘗茶味，就只有採取野生的棠棣和夏枯草

了。我忝爲鄉下人總算都嘗到了這些好茶我想，如果將這些茶料裝潢起來放在錦盒中題個什麼佳

名或者甚至說是外國來的，有如 Lipton 放在上海各大公司的櫥窗裏出售也許會被高等士女所

嘖嘖稱道吧——咖啡和可可都是南美洲土人喝的東西，但一經提倡便風行全球，安知牠們不會也有這

一天呢？「口之於味也有同嗜焉」至少在現今的時世不大靠得住，可惜牠們都埋沒在鄉間終於難

登大雅之堂然而牠們到底還是僥倖的，牠們保全了牠們的天眞本味，與鄉下人爲伍得到了鄉下人

爲知己，並沒有爲高等的士女所汚辱。

據說，有些地方還有炒柳葉或槐葉當茶葉的，我沒有嘗過這種茶，不知是什麼味道。但我卻贊成

這個辦法我相信可以泡茶的植物一定是多的，其效用也不會亞於茶的，何必一定要求茶呢？菊花已

很普通當我小學時我還在校用枯乾的木香花瓣泡過茶其味也不見得比菊花推扳我以為凡物要

被大人先生或高等士女弄得非驢非馬，引為他們的專有品就由牠們去好在天地之大無所不有我

們正可以另從便利的入手既然取之不盡用之不竭還得到了他們所永遠嘗不到的眞正美味例如

焦大麥等，我們又何樂而不為──

以我這樣喝冷開水甚至喝生水的人來說「茶事」雖然不見得會被人笑掉牙齒也許要被人

譏為不自量力附庸風雅吧。對的我是不自量力但附庸風雅到了未必因為我已自承不喝茶了自然免

了「附庸」之嫌至於我不喝茶而說「茶事」則本着述而不作的成法似乎也與我的「力」無關。

我的「古今茶事」就因為有了「古今酒事」在茶酒不相離的關係之下不管上面二種的顧忌而

就此集成的。

此外我也可以撥知酒之例，自認為知茶，知各名山所出之茶。不過這不是現在所需要的事情，更

不是我現在所需要的事情所以我究竟如何知法，知到如何程度，我也只好存而不論以待異日了。

本書也和「古今酒事」一樣在「八一三」之前早就齊稿序也早已寫好不料「八一三」事

起，比了「酒事」還要不幸，不但序未帶出來，連稿也未帶出來。本書局常局，為了這是「酒事」的姊妹篇不能不出以完成一個系統，所以又在一年多以前叫我重新從事於此。我也顏有此心，就在百忙中再從各書中去搜尋材料。「喝茶」照理要比「飲酒」普遍得多但等到搜集材料的時候，「茶事」似乎要比「酒事」反而少得多也許因為茶的刺激不如酒的那樣厲害所以因喝茶而發生的韻事也就減少了；又或者為了我的時間匆促尚有遺漏之處那只好等到後來有工夫再補了。至於原序我究竟說些什麼話已一句也不記得只好另外寫了上面這一篇我以為這書的經過如此也值得提出所以補識於此。

編者 三十年七月

凡 例

一　本書目的，擬將古今有關茶事之文獻，彙成一編以資欣賞。

一　本書材料統由各種叢書及筆記中採撷而來。

一　「故事」中各篇均註明出處，藉明來歷。

一　取材以清末爲止民國後不錄。

一　「故事」約三百數十條範圍最爲廣博，今因便於翻閱起見，分成十一類然其中界限，有極難劃分者，如有不當之處，尚請讀者原諒。

一　本書排版完成後，又在各叢書及筆記中，陸續發見尚未收入之材料甚夥，擬待至相當時期，另出續編。

一　本書以編者一人之力三五年之工夫，搜羅所得當然難稱完善。如承海內同好，於本書所已有者外代爲搜羅以便將來收入續編俾成茶事完作易勝企禱之至

一　本書與「古今酒事」爲姊妹作，合而觀之當有相得益彰之妙。

心一堂　飲食文化經典文庫

古今茶事總目

第一輯 專著

心一堂　飲食文化經典文庫

第一輯　專著

茶經

陸羽

序

稼周禮酒正之職。辨四飲之物。其三曰漿又漿人之職。供王之六飲。水、漿、醴、涼、醫、酏。入於酒府鄭司農云。

以水和酒也。蓋當時人率以酒醴為飲乎六漿酒之醨者也何得姬公製爾雅云。檟苦荼即不撍而飲之。

豈聖人之純於用乎亦草木之濟人。取捨有時也自周以降及於國朝茶事競陵之陸季疵言之詳矣然

季疵以前稱茗飲者必渾以烹之。與夫淪蔬而啜者無異也季疵始為經三卷由是分其源制其具教其

造設其器命其煮飲之者。除痟而瘝去雖疾醫之不若也其為利也於人豈小哉。余始得季疵書以為備

矣後又獲其顧渚山記二篇其中多茶事後又太原溫從雲武威段碢之各補茶事十數節並存於方冊。

茶之事由周至今竟無纖遺矣昔晉杜毓有荈賦季疵有茶歌余缺然於懷者謂有其具而不形於詩亦

季疵之遺恨也逐為十詠寄天隨子唐皮日休撰。

一之源

茶者，南方之嘉木也。一尺二尺迺至數十尺。其巴山峽川有兩人合抱者，伐而掇之。其樹如瓜蘆，葉如梔子，花如白薔薇，實如栟櫚，葉如丁香，根如胡桃。瓜蘆木出廣州，似茶至苦澀。栟櫚蒲葵之屬，其子似茶。胡桃與茶根皆下孕，兆至瓦礫苗木上抽。

其字或從草，或從木，或草木并。從草當作茶，其字出開元文字音義。從木當作搽，其字出本草。草木并作茶，其字出爾雅。

其名一曰茶，二曰檟，三曰蔎，四曰茗，五曰荈。周公云：檟，苦茶。揚執戟云：蜀西南人謂茶曰蔎。郭弘農云：早取為茶，晚取為茗，或一曰荈耳。

其地上者生爛石，中者生礫壤〔按：櫟當從櫟。石為礫。〕，下者生黃土。凡藝而不實，植而罕茂，法如種瓜，三歲可採。野者上，園者次。陽崖陰林，紫者上，綠者次，筍者上，牙者次，葉卷上，葉舒次。陰山坡谷者，不堪採掇，性凝滯，結瘕疾。

茶之為用，味至寒，為飲最宜精行儉德之人。若熱渴凝悶，腦疼目澀，四支煩，百節不舒，聊四五啜，與醍醐甘露抗衡也。採不時，造不精，雜以卉莽，飲之成疾。茶為累也，亦猶人參。上者生上黨，中者生百濟新羅，下者生高麗。有生澤州、易州、幽州、檀州者，為藥無效，況非此者。設服薺苨使六疾不瘳。知人參為累，則茶累盡矣。

二之具

籝。一曰籃。一曰籠。一曰筥。以竹織之。受五升。或一斗二斗三斗者。茶人負以採茶也。

籝漢書音盈所謂黃金滿籝。不如一經顏師古云籝、竹器也。容四升耳。

竈無用突者。釜用脣口者。

甑。或木或瓦。匪腰而泥。籃以箄之。篾以系之。始其蒸也。入乎箄。既其熟也。出乎箄。釜涸注於甑中。（甑不帶而泥之。）又以穀木枝三亞者制之。（亞當作椏。木椏枝也。）散所蒸牙筍并葉畏流其膏。

杵臼一曰碓。惟恆用者佳。

規。一曰模。一曰棬。以鐵制之。或圓或方或花。

承。一曰臺。一曰砧。以石為之。不然以槐桑木半埋地中。遣無所搖動。

襜。一曰衣。以油絹或衫單服敗者為之。以襜置承上。又以規置襜上。以造茶也。茶成舉而易之。

芘莉一曰籝子。一曰旁筤。以二小竹長三尺圉一尺五寸柄五寸以篾織方眼如圃人土羅圉二尺以列茶也。

棨一曰錐刀柄以堅木為之用穿茶也。

撲一曰鞭以竹為之穿茶以解茶也。

焙鑿地深二尺。闊二尺五寸長一丈。上作短牆高二尺。泥之。

貫削竹為之長二尺五寸以貫茶焙之。

棚一曰棧以木構於焙上編木兩層高一尺。以焙茶也茶之半乾升下棚全乾升上棚。

穿音釧江東淮南剖竹為之巴州峽山紉穀皮為之江東以一斤為上穿半斤為中穿四兩五兩為小穿峽中以一百二十斤為上穿八十斤為中穿五十斤為小穿字舊作釵釧之釧字或作貫串今則不然如磨

扇彈鑽縫五字文以平聲書之義以去聲呼之其字以穿名之。

育以木制之以竹編之以紙糊之中有隔上有覆下有牀傍有門掩一扇中置一器貯煻煨火令熅熅然。

江南梅雨時焚之以火。

育者。以其藏養為名。

三之造

凡採茶在二月三月四月之間茶之筍者生爛石沃土長四五寸若薇蕨始抽陵露採焉茶之牙者發於叢薄之上有三枝四枝五枝者選其中枝穎拔者採焉其日有雨不採晴有雲不採晴採之蒸之擣之拍之焙之穿之封之茶之乾矣茶有千萬狀鹵莽而言如人靴者蹙縮然。

京錐文也。

犖牛臆者。廉檐然浮雲出山者輪菌然輕飈拂水者涵澹然有如陶家之子羅膏上以水澄泚之。

謂澄泥也。

又如新治地者遇暴雨流潦之所經此皆茶之精腴。有如竹籜者枝幹堅實艱於蒸搗故其形籭簁然有

如霜荷者莖葉彫沮易其狀貌故厥狀委萃然此皆茶之瘠老者也自採至於封七經目自胡靮至於霜

荷八等。或以光黑平正言嘉者斯鑒之下也以皺黃坳垤言佳者鑒之次也若皆言嘉及皆言不嘉者鑒

之上也何者出膏者光含膏者皺宿製者則黑日成者則黃蒸壓則平正縱之則坳垤此茶與草木葉一,

也茶之否臧存於口訣。

四之器

風爐 灰承

風爐以銅鐵鑄之。如古鼎形。厚三分緣闊九分令六分虛中致其杇墁凡三足古文書二十一字一足

云坎上巽下離於中。一足云體均五行去百疾一足云聖唐滅胡明年鑄其三足之間設三窗底一窗

以為通飈漏燼之所。上並古文書六字一窗之上書伊公二字一窗之上書羹陸二字一窗之上書氏

茶二字所謂伊公羹陸氏茶也置墆㙤於其內設三格其一格有翟焉翟者火禽也畫一卦曰離其一

格有彪焉彪者風獸也畫一卦曰巽其一格有魚焉魚者水蟲也畫一卦曰坎巽主風離主火坎主水。

風能與火火能熟水故備其三卦焉其飾以連葩垂蔓曲水方丈之類其爐或鍛鐵爲之其運泥爲之。

其灰承作三足鐵柈擡之。

筥

筥以竹織之高一尺二寸徑闊七寸或用藤作木楦如筥形織之六出圓眼其底蓋若利篋口鑠之。

炭撾

炭撾以鐵六稜制之若今之河隴軍人木吾也或作鎚或作斧隨其便也。

火筴

火筴一名筯若常用者圓直一尺三寸頂平截無蔥臺勾鏁之屬以鐵或熟銅製之。

鍑

鍑音輔。或作釜。或作鬴。

鍑以生鐵爲之今人有業冶者所謂急鐵其鐵以耕刀之趄鍊而鑄之內模土而外模沙土滑於內易其摩滌沙澀於外吸其炎焰方其耳以正令也廣其緣以務遠也長其臍以守中也臍長則沸中沸中則末易揚末易揚則其味淳也洪州以瓷爲之萊州以石爲之瓷與石皆雅器也性非堅實難可持久。

交牀

用銀爲之至潔但涉於侈麗雅則雅矣潔亦潔矣若用之恆而卒歸於銀也。

夾以十字交之剡中令虛以支復也。

夾

夾以小青竹為之。長一尺二寸令一寸有節。節已上剖之以炙茶也。彼竹之篠津潤於火假其香潔以盆茶味。恐非林谷間莫之致。或用精鐵熟銅之類。取其久也。

紙囊

紙囊以剡藤紙白厚者夾縫之。以貯所炙茶使不泄其香也。

碾拂末

碾以橘木為之。次以梨桑桐柘為之。內圓而外方。內圓備於運行也。外方制其傾危也。內容墮而外無餘木。墮形如車輪不輻而軸焉。長九寸闊一寸七分。墮徑三寸八分中厚一寸邊厚半寸。軸中方而執圓。其拂末以鳥羽製之。

羅合

羅末以合蓋貯之。以則置合中用巨竹剖而屈之。以紗絹衣之其合以竹節為之。或屈杉以漆之。高三寸。蓋一寸底二寸口徑四寸。

則以海貝蠣蛤之屬。或以銅鐵竹匕策之類。則量也準也度也凡煮水一升用末方寸匕若好薄者減嗜濃者增故云則也。

水方

水方以椆木槐楸梓等合之其裏並外縫漆之受一斗。

漉水囊

漉水囊若常用者。其格以生銅鑄之。以備水濕無有苔穢腥澀意以熟銅苔穢鐵腥澀也林栖谷隱者。或用之竹木與竹非持久涉遠之具故用之生銅其囊織青竹以捲之。裁碧縑以縫之細翠鈿以綴之。又作綠油囊以貯之。圓徑五寸柄一寸五分。

瓢

瓢。一曰犠杓剖瓠爲之。或刊木爲之。晉舍人杜毓荈賦云酌之以瓠。瓠瓢也。口闊脛薄柄短。永嘉中餘姚人虞洪入瀑布山採茗遇一道士云，吾丹丘子祈子他日甌犠之餘乞相遺也。犠木杓也今常用以梨木爲之。

竹夾

竹夾。或以桃柳蒲葵木爲之。或以柿心木爲之。長一尺銀裹兩頭。

鹾簋揭

鹾簋以瓷為之圓徑四寸若合形。或即今合字　或瓶或罍貯鹽花也其揭竹制長四寸一分闊九分揭策也。

熟盂

熟盂以貯熟水。或瓷或沙受二升。

碗

碗越州上鼎州次婺州次岳州次壽州洪州次或者以邢州處越州上殊為不然若邢瓷類銀越瓷類玉邢不如越一也若邢瓷類雪則越瓷類冰邢不如越二也邢瓷白而茶色丹越瓷青而茶色綠邢不如越三也晉杜毓荈賦所謂器澤陶揀出自東甌甌越也甌越州上口脣不卷底卷而淺受半斤已下。

越州瓷岳瓷皆青青則益茶茶作白紅之色邢州瓷白茶色紅壽州瓷黃茶色紫洪州瓷褐茶色黑悉不宜茶。

畚

畚以白蒲捲而編之可貯碗十枚或用筥其紙帊以剡紙夾縫令方亦十之也。

札

札緝栟櫚皮以茱萸木夾而縛之或截竹束而管之若巨筆形。

滌方

滌方以貯滌洗之餘。用楸木合之。製如水方受八升。

滓方

滓方以集諸滓。製如滌方處五升。

巾

巾以絁布爲之。長二尺。作二枚互用之。以潔諸器。

具列

具列。或作牀。或作架。或純木純竹而製之。或木或竹黃黑可扃而漆者。長三尺。闊二尺。高六寸。具列者。悉斂諸器物悉以陳列也。

都籃

都籃以悉設諸器而名之。以竹篾內作三角方眼。外以雙篾闊者經之。以單篾纖者縛之。遞壓雙經作方眼。使玲瓏。高一尺五寸低闊一尺。高二寸長二尺四寸闊二尺。

五之炙

凡炙茶。慎勿於風燼間炙。熛焰如鑽。使炎涼不均。持以逼火。屢其翻。正候炮出培塿狀蝦蟆背然後去火

五寸卷而舒則本其始又炙之。若火乾者以氣熱止日乾者以柔止其始若茶之至嫩者蒸罷熱搗葉爛

而芽筍存焉假以力者持千鈞杵亦不之爛如漆科珠壯士接之不能駐其指及就則似無穰骨也炙之。

則其節若倪倪如嬰兒之臂耳既而承熱用紙囊貯之精華之氣無所散越候寒末之。

末之上者其屑如細米末之下者其屑如菱角。

其火用炭次用勁薪。

謂桑槐桐櫪之類也。

其炭曾經燔炙爲膻膩所及及膏木敗器不用之。

膏木爲柏桂檜也。敗器爲朽廢器也古人有勞薪之味信哉。

其水用山水上江水中井水下。

荈賦所謂水則岷方之注挹彼清流。

其山水揀乳泉石池漫流者上其瀑湧湍激勿食之久食令人有頸疾又多別流於山谷者澄清不洩自

火天至霜郊以前或潛龍蓄毒於其間飲者可決之以流其惡使新泉涓涓然酌之其江水取去人遠者。

井取汲多者其沸如魚目微有聲爲一沸緣邊如湧泉連珠爲二沸騰波鼓浪爲三沸已上水老不可食

也初沸則水合量調之以鹽味謂棄其啜餘無迺齖餡而鍾其一味乎第二沸出水一瓢以竹筴環激湯

心則量未常中心而下有頃勢若奔濤濺沫以所出水止之而育其華也凡酌置諸盌令沫餑均沫餑湯

之華也華之薄者曰沫厚者曰餑細輕者曰花如棗花漂漂然於環池之上又如迴潭曲渚青萍之始生

又如晴天爽朗有浮雲鱗然其沫者若綠錢浮於水渭又如菊英墮於樽俎之中餑者以滓煮之及沸則

重華累沫皤然若積雪耳荈賦所謂煥如積雪燁若春藪有之第一煮水沸而棄其沫之上有水膜如

黑雲母飲之則其味不正其第一者爲雋永

徐縣全縣二反至美者曰雋永雋味也永長也史長曰雋永漢書蒯通著雋永二十篇也

或留熟以貯之以備育華救沸之用諸第一與第二第三盌次之第四第五盌外非渴甚莫之飲凡煮水

一升酌分五盌。

盌數至少三多至五若人多至十加兩爐。

乘熱連飲之以重濁凝其下精英浮其上如冷則精英隨氣而竭飲啜不消亦然矣茶性儉不宜廣則其

味黯淡且如一滿盌啜半而味寡況其廣乎其色縮也其馨歊也。

香至美曰歊音備。

其味甘檟也不甘而苦荈也啜苦咽甘茶也。

一本云其味苦而不甘檟也甘而不苦荈也。

六之飲

翼而飛毛而走呿而言。此三者俱生於天地間飲啄以活飲之時義遠矣哉。至若救渴飲之以漿蜀蔑

飲之以酒蕩昏寐飲之以茶茶之為飲發乎神農氏聞於魯周公齊有晏嬰漢有揚雄司馬相如吳有韋

曜晉有劉琨張載遠祖納謝安左思之徒皆飲焉滂時浸俗盛於國朝兩都并荊俞

愈常作渝巴渝也。

間以為比屋之飲飲有觕茶散茶末茶餅茶者乃斫乃熬乃煬乃舂貯於瓶缶之中以湯沃焉謂之痷茶。

或用蔥薑棗橘皮茱萸薄荷之等煮之百沸或揚令滑或煮去沫斯溝渠間棄水耳而習俗不已。於戲天育

萬物皆有至妙。人之所工。但獵淺易所庇者屋屋精極所著者衣衣精極所飽者飲食與酒皆精極之。

茶有九難。一曰造二曰別三曰器四曰火五曰水六曰炙七曰末八曰煮九曰飲陰採夜焙非造也。嚼味

嗅香非別也。羶鼎腥甌非器也。膏薪庖炭非火也。飛湍壅潦非水也。外熟內生非炙也。碧粉縹塵非末也。

操艱攪遽非煮也。夏興冬廢非飲也。夫珍鮮馥烈者其盌數三次之者盌數五。若坐客數至五行三盌。至

七行五盌。若六人已下。不約盌數但闕一人而已。其雋永補所闕人。

七之事

三皇炎帝神農氏。周魯周公旦。齊相晏嬰。漢仙人丹丘子黃山君司馬文園令相如。揚執戟雄。吳歸命侯。

韋太傅弘嗣晉惠帝劉司空琨琨兄子兗州刺史演張黃門孟陽傅司隸咸江洗馬統孫參軍楚左記室

太冲陸吳與納兄子會稽內使俶謝冠軍安石郭弘農璞桓揚州溫杜舍人毓武康小山寺釋法瑤沛

國夏侯愷餘姚虞洪北地傅巽丹陽弘君舉高安任育長

育長任瞻字元本遺長字今增之

宣城秦精燉煌單道開剡縣陳務妻廣陵老姥河內山謙之後魏琅琊王肅宋新安王子鸞鸞弟豫章王

子尚鮑昭妹令暉八公山沙門譚濟齊世祖武帝梁劉廷尉陶先生弘景皇朝徐英公勣

神農食經茶茗久服人有力悅志

周公爾雅檟苦茶廣雅云荊巴間採葉作餅葉老者餅成以米膏出之欲煮茗飲先炙令赤色搗末置瓷

器中以湯澆覆之用蔥薑橘子芼之其飲醒酒令人不眠

晏子春秋嬰相齊景公時食脫粟之飯炙三戈五卵茗菜而已

司馬相如凡將篇烏喙桔梗芫華款冬貝母木蘗蔞芩草芍藥桂漏蘆蜚廉雚菌荈詫白斂白芷菖蒲芒

消莞椒茱萸

方言蜀西南人謂茶曰蔎

吳志韋曜傳孫皓每饗宴坐席無不率以七勝爲限雖不盡入口皆澆灌取盡曜飲酒不過二升皓初禮

異。密賜茶荈以代酒。

晉中與書陸納為吳與太守時。衛將軍謝安常欲詣納（晉書云納為吏部尚書。）

納兄子俶怪納無所備不敢問之乃私蓄數十八饌安既至所設唯茶果而已俶遂陳盛饌珍羞必其及

安去納杖俶四十云汝既不能光益叔父奈何穢吾素業

晉書桓溫為揚州牧性儉每讌飲唯下七算拌茶果而已。

搜神記。夏侯愷因疾死宗人字苟奴察見鬼神見愷來收馬幷病其妻著平上幘單衣入坐生時西壁大

牀就人覓茶飲。

劉琨與兄子南兗州刺史演書云前得安州乾薑一斤桂一斤黃芩一斤皆所須也吾體中潰悶常仰其

茶汝可置之。　　　　置當作憒

傅咸司隸教曰聞南方有以困蜀嫗作茶粥賣為廉事打破其器具又賣餅於市而禁茶粥以蜀姥何哉。

神異記。餘姚人虞洪入山採茗遇一道士牽三青牛引洪至瀑布山曰予丹丘子也聞子善具飲常思見

惠山中有大茗可以相給祈子他日有甌犧之餘乞相遺也因其奠祀後常令家人入山獲大茗焉。

左思嬌女詩吾家有嬌女皎皎頗白皙小字為紈素口齒自清歷有姊字惠芳眉目粲如畫馳騖翔園林。

果下皆生摘貪華風雨中倏忽數百適心為茶荈劇吹噓對鼎㠠。

張孟陽登成都樓詩云。借問揚子舍。想見長卿廬。程卓累千金。驕侈擬五都。門有連騎客。翠帶腰吳鉤。鼎食隨時進。百和妙且殊。披林採秋橘。臨江釣春魚。黑子過龍醢。果饌踰蟹蝑。芳茶冠六情。溢味播九區。人生苟安樂。茲土聊可娛。

傅巽七誨蒲桃宛奈齊柿燕栗峘陽黃梨巫山朱橘南中茶子西極石蜜。

弘君舉食檄寒溫既畢應下霜華之茗三爵而終應下諸蔗木瓜元李楊梅五味橄欖懸豹葵羹各一杯。

孫楚歌茱萸出芳樹顛鯉魚出洛水泉白鹽出河東美豉出魯淵薑桂茶荈出巴蜀椒橘木蘭出高山蓼

蘇出溝渠精稗出中田。

華陀食論苦茶久食益意思。

壺居士食忌苦茶久食羽化與韭同食令人體重郭璞爾雅注云樹小似梔子冬生葉可煑羹飲今呼早取為茶晚取為茗或一曰荈蜀人名之苦茶。

世說任瞻字育長少時有令名自過江失志既下飲問人云此為茶為茗覺人有怪色乃自申明云向問飲為熱為冷耳。

下飲為設茶也。

續搜神記晉武帝時宣城秦精常入武昌山採茗遇一毛人長丈餘引精至山下示以叢茗而去俄而復

還乃探懷中橘以遺精精佈負茗而歸。

晉四王起事惠帝蒙塵還洛陽黃門以瓦盂盛茶上至尊。

異苑剡縣陳務妻少與二子寡居好飲茶茗以宅中有古塚每飲輒先祀之二子患之曰古塚何知徒以勞意欲掘去之母苦禁而止其夜夢一人云吾止此塚三百餘年卿二子恆欲見毀賴相保護又享吾佳茗雖潛壤朽骨豈忘翳桑之報及曉於庭中獲錢十萬似久埋者但貫新耳母告二子慚之從是禱饋愈甚。

廣陵耆老傳晉元帝時有老姥每旦獨提一器茗往市鬻之市人競買自旦至夕其器不減所得錢散路傍孤貧乞人人或異之州法曹縶之獄中至夜老姥執所鬻茗器從獄牖中飛出。

藝術傳燉煌人單道開不畏寒暑常服小石子所服藥有松桂蜜之氣所餘茶蘇而已。

釋道該說續名僧傳宋釋法瑤姓楊氏河東人永嘉中過江遇沈臺真請真君武康小山寺年垂懸車飯所飲茶。永明中勑吳興禮致上京年七十九。

縣車喻日入之候也淮南子曰日至悲泉爰息其馬亦此意也。

宋江氏家傳江統字應元遷愍懷太子洗馬常上疏諫云今西園賣醯麵藍子菜茶之屬虧敗國體。

宋錄新安王子鸞豫章王子尚詣曇濟道人於八公山道人設茶茗子尚味之曰此甘露也何言茶茗。

王微雜詩寂寂掩高閣。寥寥空廣廈。待君竟不歸。收領今就槚。

飽照妹令暉著香茗賦。

南齊世祖武皇帝遺詔我靈座上愼勿以牲爲祭。但設餅果茶飲乾飯酒脯而巳。

梁劉孝綽謝晉安王餉米等啟傳詔李孟孫宣教旨垂賜米酒瓜筍菹脯酢茗八種。氣苾新城。味芳雲松。

江潭抽節邁昌荇之珍。壇揚擢翹越茸精之美。羞非純束野麏裛似雪之驢。酢異陶瓶河鯉操如瓊之粲。

茗同食粲酢顏望柑免千里宿舂省三月糧聚。小人懷惠。大懿難忘。

陶弘景雜錄苦茶輕換膏昔丹丘子黃山君服之。

後魏錄瑯琊王肅仕南朝好茗飲蓴羹及還北地又好羊肉酪漿人或問之茗何如酪蕭曰茗不堪與酪

爲奴。

桐君錄西陽武昌廬江晉陵好茗皆東人作淸茗茗有餑飲之宜人凡可飲之物皆多取其葉天門冬枝

楔取根皆益人又巴東別有眞茗茶煎飲令人不眠俗中多煑檀葉並大皂李作茶並冷又南方有瓜蘆

木亦似茗至苦澀取爲屑茶飲亦可通夜不眠煑鹽人但資此飲而交廣最重客來先設乃㸃以香芼輩

坤元錄辰州溆浦縣西北三百五十里無射山云蠻俗當吉慶之時親族集會歌舞於山上山多茶樹括

地圖臨遂縣東一百四十里有茶溪山謙之吳與記烏程縣西二十里有溫山出御荈

夷陵圖經。黃牛荆門女觀望州等山茶茗出焉。

永嘉圖經。永嘉縣東三百里有白茶山。

淮陰圖經。山陽縣南二十里有茶坡。

茶陵圖經云茶陵者所謂陵谷生茶茗焉。本草木部。茗苦茶味甘微寒無毒主瘻瘡利小便去痰渴熱令人少睡秋採之苦主下氣消食注云春採之。

本草菜部苦茶一名茶一名選一名游冬生益州川谷山陵道傍凌冬不死三月三日採乾。注云疑此即是今茶一名茶令人不眠本草注按詩云誰謂茶苦又云堇茶如飴皆苦菜也陶謂之苦茶木類非菜流。

茗春採謂之苦茶。

枕中方療積年瘻苦茶蜈蚣並炙令香熟等分搗篩煮甘草湯洗以末傳之。孺子方。療小兒無故驚蹶以

苦茶葱鬚煮服之。

八之出

山南以峽州上。

　峽州生遠安宜都夷陵三縣山谷。

襄州荆州次。

襄州生南鄣縣山谷荊州生江陵縣山谷。

衡州下。

生衡山茶陵二縣山谷。

金州梁州又下。

金州生西城安康二縣山谷梁州生襄城金牛二縣山谷。

淮南以光州上。

生光山縣黃頭港者與峽州同。

義陽郡舒州次。

生義陽縣鐘山者與襄州同舒州生太湖縣潛山者與荊州同。

壽州下。

盛唐縣生霍山者與衡山同也。

蘄州黃州又下。

蘄州生黃梅縣山谷黃州生麻城縣山谷並與荊州梁州同也。

浙西以湖州上。

湖州生長與縣顧渚山谷。與峽州光州同。生山桑儒師二寺。自茅山縣脚嶺。與襄州荊南義陽郡同。生

鳳亭山伏翼閣飛雲曲水二寺啄木嶺與壽州常州同。生安吉武康二縣山谷與金州梁州同。

常州次。

常州義與縣生君山縣脚嶺北峯下。與荊州義陽郡同。生圈嶺善權寺石亭山與舒州同。

宣州杭州睦州歙州下。

宣州生宣城縣雅山與蘄州同。太平縣生上睦臨睦。與黃州同。杭州臨安於潛二縣生上目山與舒州

同。錢塘生天竺靈隱二寺睦州生桐廬縣山谷歙州生婺源山谷與衢州同。

潤州蘇州又下。

潤州江寧縣生傲山蘇州長洲縣生洞庭山與金州蘄州梁州同。

劍南以彭州上。

生九隴縣馬鞍山至德寺棚口與襄州同。

綿州蜀州次。

綿州龍安縣生松嶺關與荊州同。其西昌昌明神泉縣西山者並佳。有過松嶺者不堪採。蜀州青城縣

生丈人山與綿州同青城縣有散茶木茶。

邛州次雅州瀘州下。

雅州百丈山名山瀘州瀘州者。與金州同也。

眉州漢州又下。

眉州丹棱縣生鐵山者。漢州綿竹縣生竹山者。與潤州同

浙東以越州上。

餘姚縣生瀑布泉嶺曰仙茗大者殊異小者與襄縣同。

明州婺州次。

明州鄮縣生榆莢村婺州東陽縣東目山與荊州同。

台州下。

台州曹縣生赤城者與歙州同。

黔州生恩州播州費州夷州江南生鄂州襄州吉州嶺南生福州泉州韶州象州

福州生閩方山山陰縣也。

其恩、播、費、夷、鄂、袁、吉、福建、泉、韶、象十一州未詳往往得之其味極佳。

九之略

其造具若方春禁火之時。於野寺山園叢手而掇。乃蒸乃舂乃復以火乾之。則又棨樸焙貫棚穿育等七

事皆廢其煮器若松間石上可坐則具列廢用槁薪鼎櫪之屬則風爐灰承炭筥揭火筴交牀等廢若瞰泉

臨澗則水方滌方漉水囊廢若五人已下茶可味而精者則羅廢若援藟躋嵓引絙入洞於山口炙而末

之或紙包合貯則碾拂末等廢既瓢盌筴札熟盂醝簋悉以一筥盛之則都籃廢但城邑之中王公之門。

二十四器闕一則茶廢矣。

十之圖

以絹素或四幅或六幅分布寫之陳諸座隅則茶之源之具之造之器之煑之飮之事之出之略目擊而

存於是茶經之始終備焉。

煎茶水記

張又新

故刑部侍郎劉公諱伯芻於又新丈人行也爲學精博顏有風鑒稱較水之與茶宜者凡七等。

揚子江南零水第一。

無錫惠山寺石水第二。

蘇州虎丘寺石水第三。

丹陽縣觀音寺水第四。

揚州大明寺水第五。

吳淞江水第六。

淮水最下第七。

斯七水余嘗俱瓶於舟中。親挹而比之。誠如其說也。客有熟於兩浙者。言搜訪未盡余嘗志之。及剌永嘉。過桐廬江。至嚴子瀨溪色至清水味甚冷。家人皆用陳黑壞茶潑之。皆至芳香。又以煎佳茶。不可名其鮮馥也。又愈於揚子南零殊遠。及至永嘉取仙巖瀑布用之。亦不下南零以是知客之說信矣。夫顯理鑒物。今之人信不逮於古人。蓋亦有古人所未知。而今人能知之者。元和九年春子初成名。與同年生期於薦福寺。余與李德垂先至慈西廂元鑒室。適有楚僧至。置囊有數編書。余偶抽一通覽焉。細密皆雜記卷末又一題云煑茶記云代宗朝李季卿剌湖州。至維揚逢陸處士鴻漸李素熟陸名有傾蓋之歡。因之赴郡泊揚子驛將食李曰陸君善於茶。蓋天下聞名矣。況揚子南零水又殊絕今者二妙千載一遇何曠之乎。命軍士謹信者挈瓶操舟深詣南零陸利器以俟之。俄水至。陸以杓揚其水曰。江則江矣。非南零者似臨岸之水。使曰某櫂舟深入見者累百敢虛給乎。陸不言。既而傾諸盆。至半陸遽止之又以杓揚之曰。自此南零者矣。使蹶然大駭。伏罪曰某自南零齎至岸舟蕩覆半。至懼其尠挹。

心一堂　飲食文化經典文庫

岸水增之。處士之鑒識靈也。其敢隱焉。李與賓從數十人皆大駭愕。李因問陸。既如是。所歷經處之水。優劣精可判矣。陸曰楚水第一。晉水最下。李因命筆口授而次第之。

廬山康王谷水簾水第一。

無錫縣惠山寺石泉水第二。

蘄州蘭溪石下水第三。

峽州扇子山下有石突然洩水獨清冷。狀如龜形。俗云蝦蟆口水第四。

蘇州虎丘寺石泉水第五。

廬山招賢寺下方橋潭水第六。

揚子江南零水第七。

洪州西山西東瀑布泉第八。

唐州柏巖縣淮水源第九。淮水亦佳。

廬州龍池山嶺水第十。

丹陽縣觀音寺水第十一。

揚州大明寺水第十二。

漢江金州上游中零水第十三。水苦

歸州玉虛洞下香溪水第十四。

商州武關西洛水第十五。未嘗泥。

吳淞江水第十六。

天台山西南峰千丈瀑布水第十七。

柳州圓泉第十八。

桐廬嚴陵灘水第十九。

雪水第二十。用雪不可太冷。

此二十水余嘗試之非繁茶之精靡過此不之知也夫茶烹於所產處無不佳也蓋水土之宜離其處水功其半然善烹潔器全其功也李寶諧司馬遇有言茶者即示之又新刺九江有客李滂門生劉魯封言嘗見說茶余醒然思往歲僧室獲是書因盡篋書在焉古人云瀉水置瓶中焉能辨淄澠此言不必可判也萬古以為信然蓋不疑矣豈知天下之理未可言至古人研精固有未盡強學君子孜孜不懈豈止思齊而已哉此言亦有裨於勸勉故記之。

十六湯品

蘇　廙

湯者。茶之司命若名茶而澀湯。則與凡末同調矣。煎以老嫩言者凡三品。注以緩急言者凡三品以器標者共五品以薪論者共五品。

第一得一湯火績已儲水性乃盡。如斗中米。如稱上魚高低適平無過不及為度蓋一而不偏雜者也天得一以清地得一以寧湯得一可建湯勳。

第二嬰湯薪火方交水釜纔熾急取旋傾若嬰兒之未孩欲責以壯夫之事難矣哉。

第三百壽湯人過百息水踰十沸或以話阻或以事廢始取用之湯已失性矣敢問皤鬢蒼顏之大老還可報弓抹矢以取中乎還可雄登闊步以邁遠乎。

第四中湯亦見夫鼓琴者也聲合中則失妙亦見磨墨者也力合中則失濃聲有緩急則琴亡力有緩急則墨喪注湯有緩急則茶敗欲湯之中臂任其責。

第五斷脈湯茶已就膏宜以造化成其形若手顫臂軃惟恐其深瓶嘴之端若存若亡湯不順通故茶不勻粹是猶人之百脈氣血斷續欲壽奚可惡斃宜逃。

第六大壯湯力士之把針耕夫之握管所以不能成功者傷於麤也且一甌之茗多不二錢茗盞景合宜。

下湯不過六分萬一快瀉而深積之茶安在哉。

第七富貴湯以金銀爲湯器惟富貴者具焉所以榮功建湯業貧賤者有不能逐也湯器之不可捨金銀。

猶琴之不可捨桐墨之不可捨膠。

第八秀碧湯石凝結天地秀氣而賦形者也琢以爲器秀猶在焉其湯不良未有之也。

第九壓一湯貴欠金銀賤惡銅鐵則瓷瓶有足取焉幽士逸夫品色尤宜豈不爲瓶中之壓一乎然勿與

誇珍衒豪臭公子道。

第十纏口湯猥人俗藞煉水之器豈暇深擇銅鐵鉛錫取熟而已夫是湯也腥苦且澀飲之逾時惡氣纏

口而不得去。

第十一減價湯無油之瓦滲水而有土氣雖御膳宸羞且將敗德銷聲諺曰茶瓶用瓦如乘折脚駿登高。

好事者幸誌之。

第十二法律湯凡木可以煑湯不獨炭也惟沃茶之湯非炭不可在茶家亦有法律水忌停薪忌薰犯律

踰法湯乘則茶殆矣。

第十三一面湯或柴中之麩火或焚餘之虛炭木體雖盡而性且浮性浮則湯有終嫩之嫌炭則不然實

湯之友。

第十四宵人湯。茶本靈草觸之則敗矣。火雖熱惡性未盡。作湯泛茶。減耗香味。

第十五賊湯。一名賤湯。竹篠樹梢風日乾之。燃鼎附瓶。颇甚快意。然體性虛薄。無中和之氣為茶之殘賊也。

第十六魔湯。調茶在湯之淑慝。而湯最惡烟。燃柴一枝。濃烟蔽室。又安有湯耶。又安有茶耶。所以為大魔。

採茶錄

温庭筠

辨

代宗朝李季卿刺湖州。至維揚。逢陸鴻漸。抵揚子驛。將食。李曰。陸君別茶。聞揚子南濡水又殊絕。今者二妙千載一遇。命軍士謹慎者深入南濡。陸利器以俟。俄而水至。陸以杓揚水曰。江則江矣。非南濡。似臨岸者。使者曰。某棹舟深入見者累百。敢有給乎。陸不言。既而傾諸盆。至半陸遽止之。又以杓揚之曰。自此南濡者矣。使者蹶然馳白。某自南濡齎至岸。舟蕩覆過半。懼其勘。挹岸水增之。處士之鑒神鑒也。某其敢隱焉。

李約汧公子也。一生不近粉黛。性辨茶。嘗曰。茶須緩火炙。活火煎。活火謂炭火之有焰者。當使湯無妄沸。庶可養茶。始則魚目散布。微微有聲。中則四邊泉湧。纍纍連珠。終則騰波鼓浪。水氣全消。謂之老湯。三沸之法。非活火不能成也。

後。

甫里先生陸龜蒙嗜茶菸置小園於顧渚山下。歲入茶租薄爲甌犧之費。自爲品第書一篇繼茶經訣之

嗜

易

白樂天方齋禹錫正病酒。禹錫乃饋菊苗虀蘆菔鮓。換取樂天六班茶二囊以自醒酒。

苦

王濛好茶。人至輒飲之。士大夫甚以爲苦。每欲候濛必云今日有水厄。

致

劉琨與弟羣書吾體中憒悶常仰眞茶。汝可信致之。

茶錄

蔡襄

茶論

色

茶色貴白。而餅茶多以珍膏油去聲其面。故有靑黃紫黑之異。善別茶者。正如相工之視人氣色也。隱然察

之於內以肉理潤者爲上。旣已末之黃白者受水昏重青白者受水詳明。故建安人鬭試以青白勝黃白。

　香

茶有真香。而入貢者微以龍腦和膏欲助其香建安民間試茶皆不入香恐奪其真若烹點之際又雜珍果香草其奪益甚正當不用。

　味

茶味主於甘滑惟北苑鳳凰山連屬諸焙所產者味佳隔溪諸山雖及時加意製作色味皆重莫能及也。

又有水泉不丹能損茶味前世之論水品者以此。

　藏茶

茶宜蒻葉而畏香藥喜溫燥而忌溼冷故收藏之家以蒻葉封裹入焙中兩三日一次用火常如人體溫。溫則禦溼潤若火多則茶焦不可食。

　炙茶

茶或經年則香色皆陳於淨器中以沸湯漬之刮去膏油一兩重乃止以鈐箝之微火炙乾然後碎碾。

　碾茶

若當年新茶則不用此說。

碾茶先以淨紙密裹搥碎然後熟碾其大要旋碾則色白或經宿則色已昏矣。

羅茶

羅細則茶浮麤則沫浮。

候湯

候湯最難未熟則沫浮過熟則茶沈前世謂之蟹眼者故熟湯也沈瓶中煮之不可辨故曰候湯最難。

熁盞

凡欲點茶先須熁盞令熱冷則茶不浮。

點茶

茶少湯多。則雲腳散湯少茶多。則粥面聚。建人謂之雲腳粥面鈔茶一錢匕先注湯調令極勻又添注入環迴擊拂湯上盞可四分則止視其面色鮮白著盞無水痕為絕佳建安鬪試以水痕先者為負耐久者為勝故較勝

負之說曰相去一水兩水。

器論

茶焙

茶焙織竹為之裹以蒻葉蓋其上以收火也隔其中以有容也納火其下去茶尺許常溫溫然所以養茶

色香味也。

　　茶籠

茶不入焙者宜密封裹以蒻籠盛之置高處不近溼氣。

　　砧椎

砧椎蓋以砧茶砧以木爲之椎或金或鐵取於便用。

　　茶鈐

茶鈐屈金鐵爲用以炙茶。

　　茶碾

茶碾以銀或鐵爲之黃金性柔銅及磠石皆能生鉎。_{晉不入用。}

　　茶羅

茶羅以絕細爲佳羅底用蜀東川鵝溪畫絹之密者投湯中揉洗以冪之。

　　茶盞

茶色白宜黑盞建安所造者紺黑紋如兔毫其柸微厚熁之久熱難冷最爲要用出他處者或薄或色紫皆不及也其青白盞鬬試自不用。

茶匙

茶匙要重鑿拂有力黃金爲上人間以銀鐵爲之竹者輕建茶不取。

湯瓶

瓶要小者易候湯又點茶注湯有準黃金爲上人間以銀鐵或瓷石爲之。

試茶錄

序

子安

建啟七閩山川特異峻極迴環勢絕如甌其陽多銀銅其陰孕鉛鐵厥土赤墳厥植惟茶會建而上蔡茶益秀迎抱相向草木叢條水多黃金茶生其間氣味殊美豈非山川重複土地秀粹之氣鍾於是而物得以宜歟北苑西距建安之東溪二十里而近東至東宮百里而遙。

姬名有三十六東宮其一也。

過洞溪踰東宮則僅能成餅耳獨北苑連屬諸山者最勝北苑前枕溪流北涉數里茶皆氣弇然色濁味尤薄惡況其遠者乎亦猶橘過淮爲枳也近蔡公作茶錄亦云隔溪諸山雖及時加意製造色味皆重炎。

今北苑焙風氣亦殊先春朝隮常雨霽則霧露昏蒸晝午猶寒故茶宜之茶宜高山之陰而喜日陽之旱。

自北苑鳳山南直苦竹園頭。東南屬張坑頭。皆高遠。先陽處歲發常早芽極肥乳。非民間所比。次出壑源

嶺高士汰地。茶味甲於諸焙丁謂亦云鳳山高不百丈無危峯絕巘而岡阜環抱氣勢柔秀宜乎嘉植靈

卉之所發也。又以建安茶品甲於天下。疑山川至靈之卉天地始和之氣盡此茶矣又論石乳出壑嶺斷

崖缺石之間。蓋草木之仙骨丁謂之記。建溪茶事詳備矣。至於品載止云北苑壑源嶺及總記官私諸

焙千三百三十六耳。近蔡公亦云唯北苑鳳凰山連屬諸焙所產者味佳故四方以建茶爲目皆曰北苑。

建人以近山所得。故謂之壑源。好者亦取壑源口南諸葉皆云彌珍絕傳致之間識者以色味品第反以

壑源爲疑今書所異者從二公紀土地勝絕之目具疏圖隴百名之異。香味精粗之別。焉知茶於草木爲

靈最矣。去畝步之間別移其性又以佛嶺葉源沙溪附見以質二焙之美故曰東溪試茶錄。自東宮西溪。

南焙北苑皆不足品第今略而不論。

　　總敍焙名

北苑諸焙或遠民間或隸北苑前書未盡今始終其事。

舊記建安郡官焙三十有八自南唐歲率六縣民採造大爲民間所苦我宋建隆以來環北苑近焙歲取

上供外焙俱還民間。而裁稅之。至道年中始分游坑臨江汾常西濛州西小豐大熟六焙隸劍南又免五

縣茶民專以建安一縣民力裁足之。而除其口率泉慶曆中取蘇口曾坑石坑重院還屬北苑焉又丁氏

古今茶事

舊錄云官私之焙千三百三十有六而獨記官焙三十二。東山之焙十有四。北苑龍焙一乳橘內焙二乳橘外焙三重院四瑿嶺五渭源六范源七蘇口八東宮九石坑十連溪十一香口十二火梨十三開山十四南溪之焙十有二下瞿一漾州東二汾東三南溪四斯源五小香六際會七謝坑八沙龍九南鄉十中瞿十一黃熟十二西溪之焙四慈善西一慈善東二慈惠三船坑四北山之焙二慈善東一豐樂二。

北苑 曾坑石坑附

建溪之焙三十有二。北苑首其一而園別爲二十五。苦竹園頭甲之。鼯鼠窠次之。張坑頭又次之。苦竹園頭連屬窠坑。在大山之北。園植北山之陽。大山多修木叢林。鬱蔭相及。自焙口達源頭五里。地遠而益高。以園多苦竹故名曰苦竹。以高遠居衆山之首。故曰園頭。直西定山之隈。土石迴向如窠然。南挾泉流積陰之處。而多飛鼠。故曰鼯鼠窠。其下曰小苦竹園。又西至於大園。絶山尾疏竹蓊蔚。昔多飛雉。故曰雞藪窠。又南出壤園麥園。言其土壤沃宜麰麥也。自青山曲折而北。嶺勢屬如貫魚。凡十有二。又隈曲如窠巢者九。其地利爲九窠十二壟。隈深絶數里曰廟坑。坑有山神祠焉。又焙南直東嶺極高峻。曰教練壟東入張坑。南距苦竹帶北岡。勢橫直故曰坑。坑又北出鳳凰山。其勢中時如鳳之首。東南直東嶺曲如鳳之翼。取象焉。鳳凰山東南至於袁雲壟。又南至於長坑。又南最高處曰張坑頭。言昔有袁氏張氏居於此。因名其地焉。出袁雲之北平下。故曰平園。絶嶺之表曰西際。其東爲東際。焙東之山縈紆如帶。故曰帶園。其中曰

48

中歷坑東又曰馬鞍山又東黃淡窠謂山多黃淡也絕東爲林園又南曰柢園又有蘇口焙與北苑不相

屬昔有蘇氏居之其園別爲四其最高處曰曾坑際上又曰尼園又北曰官坑上園下坑園慶曆中始入

北苑歲貢有曾坑上品一斤叢出於此曾坑山淺土薄苗發多紫復不肥乳氣味殊薄今歲貢以苦竹園

茶充之而蔡公茶錄亦不云曾坑者佳又石坑者涉溪東北距焙僅一舍諸焙絕下慶曆中分屬北苑園

之別有十一曰大畬二曰石雞望三曰黃園四曰石坑古焙五曰重院六曰彭坑七曰蓮湖八曰嚴曆九

曰烏石高十日高尾山多古木修林今爲本焙取材之所園焙歲久今廢不開二焙非產茶之所今附見

之。

壑源　附葉源

建安郡東望北苑之南山叢然不秀高峙數百丈如郛郭焉。

民間所謂捍火山也。

其絕頂西南下視建之地邑。

民間謂之望州山。

山起壑源口而四周抱北苑之羣山迤邐南絕其尾歸然山阜高者爲壑源頭言壑源嶺山自此首也大

山南北以限沙溪其東曰壑水之所出水出山之南東北合爲建溪壑源口者在北苑之東北南徑數里。

有僧居曰承天。有園隴北稅官山其茶廿香特勝。近焙受水則渾然色重粥面無澤道山之南。又西至於

章歷章歷西曰後坑。西曰連焙。南曰焙山。又南曰新宅。又西曰嶺根。言北山之根也。茶多植山之陽其土

尺塊。其茶香少而黃。白嶺根有流泉清淺可涉。涉泉而南山勢回曲東去如鈎。故其地謂之鑿嶺坑頭茶

為勝絕處。又東別為大窠坑頭至大窠為正鑿嶺實為南山土皆黑埴茶生山陰厥味甘香厥色青白及

受水則淳淳光澤。

民間謂之冷粥面。

視其面渙散如粥。雖去社芽葉過老色益青明氣益鬱然其止則苦去而廿至。

民間謂之草木大而味大是也。

他焙芽葉過老色益青濁氣益勃然廿至。則味去而苦留為異矣。大窠之東山勢平盡曰鑿嶺尾。茶生其

間色黃而味多士氣絕大窠南山其陽曰林坑。又西南曰鑿嶺根。其西曰鑿嶺頭道南山而東曰穿欄焙。

又東曰黃際其北曰李坑。山漸平下茶色黃而味短。自鑿嶺尾之東南溪流綠遶岡皇不相連附極南塢。

中曰長坑踰流為葉源。又東為梁坑。而盡於下湖。葉源者土赤多石茶色其中色多黃青無粥面粟紋而

顏明爽復性重喜沈為次也。

佛嶺

佛嶺連接葉源下湖之東。而在北苑之東南隔鑿源水道自章阪東際爲丘坑坑口西對鑿源亦曰鑿

口其茶黃白而味短東南曰曾坑。其正東曰後歷曾坑之陽曰佛嶺又東至於張坑又東曰李坑又

有硬頭後洋蘇池蘇源郭源南源[非源]苦竹坑岐頭槎頭皆環佛嶺之東南茶少甘而多苦色亦重濁。

又有[晉唐未詳此字]籛源石門江源白沙皆在佛嶺之東北茶泛然縹塵色而不鮮明味短而香少爲劣耳。

沙溪 [今屬北苑]

沙溪去北苑西十里山淺土薄茶生則葉細芽不肥乳。自溪口諸焙色黃而土氣自龔漈南曰挺頭又西

曰章坑又南曰永安西南曰南坑漈其西曰砰溪又有周坑范源溫湯漈厄源黃坑石龜李坑章坑章村

小梨皆屬沙溪茶大率氣味全薄其輕而浮淳淳如土色製造亦殊鑿源者不多留膏蓋以去膏盡則味

少而無澤也。

茶之面無光澤也。

故多苦而少甘。

茶名

茶之名類殊別故錄之。

茶之名有七。一曰白葉茶民間大重出於近歲園焙時有之。地不以山川遠近發不以社之先後芽葉如

紙。民間以爲茶瑞取其第一者爲鬥茶而氣味殊薄非食茶之比今出壑源之大竅者六

世偁。葉相。壑源嚴下一。源頭二。壑源後坑久壑源嶺根三品。葉林坑黃漈一葉丘坑一畢

（葉仲元。葉世蔿。葉世茶。葉勦。葉）

源一照王大佛嶺尾一生游道沙溪之大梨漈上一汀高石嚴一睆搖大梨一演硏溪嶺根一任道次有甘葉

茶。茶樹高丈餘。其徑頭七八寸葉厚而圓狀類柑橘之葉其芽發卽肥乳長二寸許爲食茶之上品三曰早茶

亦類柑葉發常先春民間採製爲試焙者四曰細葉茶葉比柑葉細薄樹高者五六尺芽短而不乳今生

沙溪山中蓋土薄而不茂也五曰稽茶葉細而厚密芽晚而青黃六曰晚茶蓋雞茶之類發比諸茶晚生

於社後七八寸叢茶亦曰藥茶叢生高不數尺一歲之間發者數四貧民取以爲利

採茶

辨茶須知製造之始故次。

建溪茶比他郡㝡先北苑壑源者尤早歲多暖則先驚蟄十日卽芽歲多寒則後驚蟄五日始發先芽者

氣味俱不佳唯過驚蟄者㝡爲第一民間常以驚蟄爲候諸焙後北苑者半月去遠則㽞晚凡採茶必以

晨興不以日出日出露晞爲陽所薄則使芽之膏腴耗於內茶及受水而不鮮明故常以早爲最凡斷

芽必以甲不以指以甲則速斷不柔以指則多溫易損擇之必精濯之必潔蒸之必香火之必良一失其

度。俱爲茶病。

心一堂　飲食文化經典文庫

民間常以春陰爲探茶得時。日出而探則芽葉易損建人謂之探摘不鮮是也。

茶病

試茶辨味必須知茶之病故又次之。

芽擇肥乳則甘香而粥面著盞而不散土瘠而芽短則雲腳渙亂去盞而易散葉梗半則受水鮮白葉梗

短則色黃而泛。

梗謂芽之身除去白合處茶民以茶之色味俱在梗中。

烏帶白合茶之大病不去烏帶則色黃黑而惡不去白合則味苦澀。

丁謂之論備矣。

蒸芽必熟去膏必盡蒸芽未熟則草木氣存。

適口則知。

去膏未盡則色濁而味重受烟則香奪壓黃則味失此皆茶之病也。

受烟謂過黃時火中有烟使茶香盡而烟臭不去也壓去膏之時久留茶黃未造使黃經宿香味俱失。

夆然氣如假雞卵臭也。

大觀茶論

宋徽宗

序

嘗謂首地而倒生。所以供人求者。其類不一。穀粟之於饑。絲枲之於寒。雖庸人孺子皆知常須而日用不以時歲之舒迫而可以興廢也。至若茶之為物。擅甌閩之秀氣。鍾山川之靈稟。祛襟滌滯。致清導和。則非庸人孺子可得而知矣。沖澹閒潔。韻高致靜。則非遑遽之時可得而好尚矣。本朝之興。歲修建溪之貢。龍團鳳餅名冠天下。而壑源之品。亦自此而盛。延及於今。百廢俱舉。海內晏然。垂拱密勿。幸致無為。縉紳之士韋布之流。沐浴膏澤。薰陶德化。盛以雅尚相推。從事茗飲。故近歲以來。采擇之精。製作之工。品第之勝。烹點之妙。莫不盛造其極。且物之與廢。固自有時。然亦係乎時之汙隆。時或遑人懷勞瘁。則向所謂常須而日用。猶且汲汲營求。惟恐不獲。飲茶何暇議哉。世既累洽。人恬物熙。則常須而日用者。固久厭飫狼籍。而天下之士。勵志清白。競為閒暇修索之玩。莫不碎玉鏘金。啜英咀華。較篋笥之精。爭鑒裁之別。雖下士於此時。不以蓄茶為羞。可謂盛世之清尚也。嗚呼。至治之世。豈惟人得以盡其材。而草木之靈者。亦得以盡其用矣。偶因暇日。研究精微。所得之妙。後人有不自知為利害者。輒本末別於二十篇。號曰茶論。

地產

植產之地崖必陽園必陰蓋石之性寒其葉抑以瘠其味疏以薄必資陽和以發之土之性敷其葉疏以暴其味彊以肆必資陰蔭以節之。

今圃家皆植木以資茶之陰。

陰陽相濟則茶之滋長得其宜。

　　天時

茶工作於驚蟄尤以得天時爲急輕寒英華漸長條達而不迫茶工從容致力故其色味兩全若或時暘鬱燠芽甲奮暴促工暴力隨槁晷刻所迫有蒸而未及壓壓而未及研研而未及製茶黃留積其色味所失已半故焙人得茶天爲慶。

　　采擇

擷茶以黎明見日則止用爪斷芽不以指揉慮氣汗薰漬茶不鮮潔故茶工多以新汲水自隨得芽則投諸水凡芽如雀舌穀粒者爲鬭品一鎗一旗爲揀芽一鎗二旗爲次之餘斯爲下茶之始芽萌則有白合既擷則有烏帶白合不出害茶味烏帶不去害茶色。

　　蒸壓

茶之美惡尤係於蒸芽壓黃之得失蒸太生則芽滑故色清而味烈過熟則芽爛故茶色赤而不膠壓久

則氣竭味漓不及則色暗味澀蒸芽欲及熟而香壓黃欲膏盡亟止如此則製造之功十已得七八矣

製造

滌芽惟潔濯器惟淨蒸壓惟其宜研膏惟熟焙火惟良飲而有少砂者滌濯之不精也文理燥赤者焙火之過熟也夫造茶先度日晷之短長均工力之衆寡會采擇之多少使一日造成恐茶過宿則害色味

鑒辨

茶之範度不同如人之有首面也膏稀者其膚蹙以文膏稠者其理斂以實即日成者其色則青紫越宿製造者其色則慘黑有肥凝如赤蠟者末雖白受湯則黃有縝密如蒼玉者末雖灰受湯愈白有光華外暴而中暗者有明白內備而表質者其首面之異同難以槩論要之色瑩徹而不駁質縝繹而不浮舉之凝結碾之則鏗然可驗其為精品也有得於言意之表者可以心解又有貪利之民購求外焙已采之芽假以製造碎已成之餅易以範模雖名氏采製似之其膚理色澤何所逃於鑒賞哉

白茶

白茶自為一種與常茶不同其條敷闡其葉瑩薄崖林之間偶然生出雖非人力所可致有者不過四五家生者不過一二株所造止於二三胯而已芽英不多尤難蒸焙湯火一失則已變而為常品須製造精微運度得宜則表裏昭徹如玉之在璞它無與倫也淺焙亦有之但品不及

羅碾

碾以銀爲上熟鐵次之生鐵者非掏揀磨所成間有黑屑藏於隙穴害茶之色尤甚凡碾爲製槽欲深而峻輪欲銳而薄槽深而峻則底有準而茶常聚輪銳而薄則運邊中而槽不戛羅欲細而面緊則絹不泥而常透碾必力而速不欲久恐鐵之害色羅必輕而平不厭數庶已細者不耗惟再羅則入湯輕泛粥面光凝盡茶之色。

盞

盞色貴青黑玉毫條達者爲上取其煥發茶采色也底必差深而微寬底深則茶宜立而易以取乳寬則運筅旋徹不礙擊拂然須度茶之多少用盞之大小盞高茶少則掩蔽茶色茶多盞小則受湯不盡盞惟熱則茶發立耐久。

筅

茶筅以筋竹老者爲之身欲厚重筅欲疎勁本欲壯而末必眇當如劍脊之狀蓋身厚重則操之有力而易於運用筅疎勁如劍脊則擊拂雖過而浮沫不生。

瓶

瓶宜金銀小大之制惟所裁給注湯害利獨瓶之口嘴而已嘴之口差大而宛直則注湯力緊而不散嘴

之末。欲圓小而峻削。則用湯有節。而不滴瀝。蓋湯力緊則發速有節。不滴瀝則茶而不破。

杓

杓之大小當以可受一盞茶爲量。過一盞則必歸其餘。不及則必取其不足。

水

水以清輕甘潔爲美，輕甘乃水之自然。獨爲難得。古人品水雖曰中零惠山爲上。然人相去之遠近。似不常得。但常取山泉之清潔者。其次則井水之常汲者爲可用。若江河之水。則魚鼈之腥。泥濘之汙。雖輕甘無取。凡用湯以魚目蟹眼連繹迸躍爲度。過老則以少新水投之。就火頃刻而後用。

點

點茶不一。而調膏繼刻。以湯注之。手重筅輕。無粟文蟹眼者。謂之靜面點。蓋擊拂無力。茶不發立。水乳未浹。又復增湯色澤不盡。英華淪散。茶無立作矣。有隨湯擊拂。手筅俱重。立文泛泛。謂之一發點。蓋用湯已故。指腕不圓。粥面未凝。茶力已盡。雲霧雖泛。水脚易生。妙於此者，量茶受湯。調如融膠。環注盞畔。勿使侵茶勢不欲猛。先須攪動茶膏。漸加擊拂。手輕筅重。指遶腕旋。上下透徹。如酵蘗之起麵。疏星皎月。燦然而生。則茶之根本立矣。第二湯自茶面注之。周囘一線。急注急上。茶面不動。擊拂旣力。色澤漸開。珠璣磊落。三湯多寡如前。擊拂漸貴輕勻。周環旋復。表裏洞徹。粟文蟹眼。泛結雜起。茶之色十已得其六七。四湯尚

嘗筅欲轉稍寬而勿速其清真華彩既已煥發雲霧漸生五湯乃可少縱筅欲輕勻而透達如發立未盡則擊以作之發立已過則拂以斂之結浚靄結凝雪茶色盡矣六湯以觀立作乳點勃結則以筅著之緩拂邊勤而已七湯以分輕清重濁相稀稠得中可欲則止乳霧洶湧溢盞而起周回旋而不動謂之咬盞宜勻其輕清浮合者飲之桐君錄曰茗有餑飲之宜人雖多不為過也

味

夫茶以味為上香甘重滑為茶之全惟北苑壑源之品兼之其味醇而乏風骨者蒸壓太過也茶鎗乃條之始萌者木性酸鎗過長則初甘重而終微澀茶旗乃葉之方敷者葉味苦旗過老則初雖留舌而飲徹反甘矣此則芽胯有之若夫卓絕之品真香靈味自然不同

香

茶有真香非龍麝可擬要須蒸及熟而壓之及乾而研研細而造則和美具足入盞則馨香四達秋爽灑然或蒸氣如桃人夾雜則其氣酸烈而惡

色

點茶之色以純白為上真青白為次灰白次之黃白又次之天時得於上人力盡於下茶必純白天時暴暄芽萌狂長采造留積雖白而黃矣青白者蒸壓微生灰白者蒸壓過熟壓膏不盡則色青暗焙火太烈

則色昏赤。

藏焙

數焙則首面乾而香減失焙則雜色剝而味散要當新芽初生卽焙以去水陸風濕之氣焙用熟火置爐中以靜炭擁合七分露火三分亦以輕灰糝覆良久卽置焙簍上以過散焙中潤氣然後列茶於其中盡展角焙未可蒙蔽候火速徹覆之火之多少以焙之大小增減探手爐中火氣雖熱而不至逼人手者爲良時以手按茶體雖甚熱而無害欲其火力通徹茶體爾或曰焙火如人體溫但能燥茶皮膚而已內之溼潤未盡則復蒸喝矣焙畢卽以用久竹漆器中緘藏之陰潤勿開終年再焙色常如新。

品名

名茶各以聖產之地葉如耕之平園台星巖葉剛之高峯青鳳髓葉思純之大嵐葉嶼之屑山葉五崇柎之羅漢上水桑芽葉堅之碎石窠石臼窠（一作穴窠）葉瓊葉輝之秀皮林葉師復師貺之虎巖葉椿之無又巖芽葉懋之老窠園葉各擅其美未嘗混淆不可殫舉後相爭相鬻互爲剝竊參錯無據不知茶之美惡在於製造之工拙而已豈崗地之虛名所能增減哉焙人之茶固有前優而後劣者昔負而今勝者是亦園地之不常也。

外焙

心一堂 飲食文化經典文庫

世稱外焙之茶。樹小而色駁體耗而味淡方之正焙。昭然則可近之好事者篋笥之中往往半之蓄外焙

之品蓋外焙之家久而益工製之妙咸取則於壑源倣像規模摹外為正殊不知其樹雖等而葭風骨色

澤雖潤而無藏蓄體雖實而縝密乏理味雖重而澀滯之香何所逃乎外焙哉然有外焙者有淺焙者

蓋淺焙之茶去壑源為未遠製之能工則色亦瑩白擊拂有度則體亦立湯味甘重香滑之味稍遠於正

焙耳于治外焙則迥然可辨其有甚者又至於採柿葉桴欖之萌相雜而造味雖與茶相類點時隱隱如

輕絮泛然茶面粟文不生乃其驗也桑苧翁曰雜以卉莽飲之成病可不細鑒而熟辨之

宣和北苑貢茶錄

序

熊蕃

陸羽茶經裴汶述者皆不第建品說者但謂二字未嘗至建而不知物之發也固自有時蓋昔者山川

尚閟靈芽未露至於唐末然後北苑出為之最是時偽蜀詞臣王文錫作茶譜亦第言建有紫筍而臘

面乃產於福建之季屬建南唐歲率諸縣民采茶北苑初造研膏繼造臘面既又製其佳者號曰京鋌

聖朝開寶末下南唐太平興國初特置龍鳳模造使即北苑造團茶以別庶飲龍鳳茶蓋始於此又一種

茶藂生石崖枝葉尤茂至道初有詔造之別號石乳又一號的乳又一種號白乳蓋自龍鳳與京石的白

古今茶事

61

四種紹出而膩面降爲下矣。蓋龍鳳等茶皆太宗朝所制至咸平初丁晉公曹閩始載之於茶錄慶曆中

蔡君謨將漕創小龍團以進被旨仍歲貢之。自小團出而龍鳳遂爲次矣。元豐間有旨造密雲龍其品又、

加於小龍團之上。紹聖間改爲瑞雲翔龍。至大觀初今上親製茶論二十篇以白茶者與常茶不同偶然

出非人力可致於是白茶遂爲第一旣又製之已細茶及試新銙貢新銙自三色細第出而瑞雲翔龍顧

爲下矣。凡茶芽數品最上曰小芽如雀舌鷹爪以其勁直纖挺故號芽茶次曰揀芽乃一芽帶一葉者號

一鎗一旗次曰中芽乃一芽帶兩葉號一鎗兩旗其帶三葉四葉皆漸老矣。芽茶早春極少景德中建守

周絳爲補茶經言芽茶只作早茶馳奉萬乘嘗之可矣如一鎗一旗可謂奇茶也故一鎗一旗號揀芽最

爲挺特光正舒王送入闕中詩云新茗齋中試一旗謂揀芽也。或者乃謂茶芽未展爲鎗已展爲旗指

王此詩爲誤蓋不知有所謂揀芽也。夫揀芽猶貴重如此而況芽茶以供天子之新嘗者乎芽茶絶矣至

於水芽則曠古未之聞也宣和庚子歲漕臣鄭公可問始創爲銀線水芽蓋將已揀熟芽再剔去祇取其

心一縷用珍器貯清泉漬之光明瑩潔若銀線然以製方寸新銙有小龍蜿蜒其上號龍團勝雪又廢白

的石乳鼎造花銙二十餘色初貢茶皆入龍腦至是慮奪眞味始不用焉。蓋茶之妙至勝雪極矣故合爲

首冠然猶在白茶之次者以白茶上之所好也。異時郡人黃儒撰品茶要錄極稱當時靈芽之富謂使陸

羽數之見之必爽然自失蕃亦謂使黃君而閱今日則前此者未足記焉。然龍焙初與貢數殊少累增至

於元符以斤計者一萬八千視初已加數倍而猶未盛今則爲四萬七千一百斤有奇矣。

此數見范逵所著龍焙美成茶錄。

白茶勝雪以次厥名實繁今列於左使好事者得以觀焉。

遠官也。茶

貢新銙 大觀二年造。　　試新銙政和二年造。

白茶政和二年造。　　龍團勝雪宣和二年造。

御苑玉芽大觀二年造。　　萬壽龍芽大觀二年造。

上林第一宣和二年造。　　乙夜清供宣和二年造。

承平雅玩宣和二年造。　　龍鳳英華宣和二年造。

玉除清賞宣和二年造，　　啓沃承恩宣和二年造。

雲英宣和二年造。　　雲葉宣和二年造。

蜀葵宣和二年造。　　金錢宣和三年造。

玉華宣和二年造。　　寸金宣和三年造。

無比壽芽大觀四年造。　　萬春銀葉宣和二年造。

宜年寶玉宣和三年造。　　玉清慶雲宣和二年造。

無疆壽龍宣和二年造。　　玉葉長春宣和四年造。

瑞雲翔龍紹聖二年造。　　長壽玉圭政和二年造。

興國巖銙。

上品揀芽紹興二年造。　　香口焙銙。

太平嘉瑞政和二年造。　　新收揀芽。

南山應瑞宣和四年造。　　龍苑報春宣和四年造。

興國巖小龍。　　興國巖揀芽。

揀芽。　　興國巖小鳳。　巳上號細色。

小鳳。　　小龍。

大鳳。　巳上號粗色。　大龍。

又有瓊林毓粹浴雪呈祥壑源供季篚推先價倍南金暘谷先春壽巖却勝延平石乳淸白可鑑風韻
甚高凡十色皆宣和二年所製越五歲省去。

右歲分十餘綱惟白茶與勝雪自驚蟄前與役涉日乃成飛騎疾馳不出仲春巳至京師號爲頭綱玉芽。
以下卽先後以次發逮貢足時夏過半矣歐陽文忠公詩曰建安三千五百里京師三月嘗新茶蓋異時
如此以今較昔又爲最早因念草木之微有瓌奇卓異亦必逢時而後出而况爲上者哉昔昌黎先生感

二鳥之蒙采擷而悼其不如。今藩於是茶也焉敢效昌黎之感始務自警而堅其守。以待時而已。

貢新銙竹圈銀模方一寸二分。

試新銙竹圈同上

龍團勝雪竹圈銀模同上。

白茶銀圈銀模徑一寸五分。

御苑玉芽銀圈銀模徑一寸五分。

萬壽龍芽銀圈銀模同上。

上林第一方一寸二分。

乙夜淸供竹圈同上。

承平雅玩。

龍鳳英華。

玉除淸賞。

啓沃承恩同上。

雪英橫長一寸五分。

雲葉同上。

蜀葵徑一寸五分。

金錢銀模同上。

玉華銀模橫長一寸五分。

寸金竹圈方一寸二分。

無比壽芽銀模竹圈同上。

萬春銀葉銀模銀圈兩尖徑二寸二分。

宜年寶玉銀圈銀模直長三寸。

玉淸慶雲銀模銀圈方一寸八分。

無疆壽龍銀模竹圈直長一寸。

玉葉長春竹圈直長三寸六分。

瑞雲翔龍銀模銅圈徑二寸五分。

長壽玉圭銀模直長三寸。

興國巖銙竹圈方一寸二分。

香口焙鑄竹圈同上。

上品揀芽銀模銅圈。

新收揀芽銀模銀圈同上。

太平嘉瑞銀圈徑一寸五分。

龍苑報春徑一寸七分。

南山應瑞銀模銀圈方一寸八分。

與國巖揀芽銀模徑三寸。

小龍。

小鳳銀模銅圈同上。

大龍銀模銅圈。

大鳳銀模銅圈。

先人作茶錄賞貢品極勝之時。凡有四千餘色。紹興戊寅歲。克攝事北苑。閱近所貴皆仍舊。其先後之序亦同。惟躋龍團勝雪於白茶之上。及無與國巖小龍小鳳。蓋建炎南渡。有旨罷貢三之一。而省去之也。先人但著其名號。克今更寫其形製。庶覽之無遺恨焉。先是任之春漕司。再攝茶政。越十三載乃復舊額。且

用政和故事補種茶二萬株。正和周曹。種三萬株。此年益虔貢職。途有創增之目。仍改京鋌為大龍團。由是大龍多

於大鳳之數。凡此皆近事。或者猶未之知也。三月初吉男克北苑寓舍書。

北苑貢茶最盛然前輩所錄。止於慶曆以上。自元豐後瑞龍相繼挺出制精於舊。而未有好事者記焉。但

於詩人句中。及大觀以來。增創新銙亦猶用揀芽蓋水芽至宣和始名顧龍團勝雪與白茶角立歲元首

貢自御苑玉芽以下厥名實繁先子觀見時事悉能記之。成編具存今閩中漕臺所刊茶錄未備此書庶

幾補其闕云淳熙九年冬十二月四日朝散郎行祕書郎國史編修官學士院權直熊克謹記。

品茶要錄

序

說者常怪陸羽茶經。不第建安之品蓋前此茶事未甚興靈芽真筍往往委翳消腐而人不知惜自國初

已來士大夫沐浴膏澤詠歌升平之日久矣夫身世灑落神觀沖澹惟茲若飲為可喜園林亦相與摘英

誇異制捲鬻新而趨時之好故殊異之品始得自出於蓁莽之間而其名遂冠天下借使陸羽復起閱其

金餅味其雲腴當爽然自失矣因念草木之材一有負瑰偉特者未嘗不遇時而後興況於人乎然士

大夫間為珍藏精試之具非尚雅好真未嘗輒出其好事者又常論其采制之出入器用之宜否較試之

黃儒

68

湯火圖於縑素。傳藐於時。獨未有補於賞鑒之明耳。蓋圜民射利膏油其面。色品味易辨而難詳予因閱

收之暇。爲原采造之得失較試之低昂次爲十說以中其病題曰品茶要錄云。

一采過時

茶事起於驚蟄前其采芽如應爪初造曰試焙又曰一火。其次曰二火二火之茶已次一火矣故市茶芽

者惟同出於三火前者爲最佳尤善薄寒氣候陰不至凍。

芽發時尤畏霜有造於一火二火皆遇霜而三火霜霽則三火之茶勝矣晴不至於暄則穀芽含養約

勒而滋長有漸采工亦優爲矣凡試時泛色鮮白隱於薄霧者得於佳時而然也有造於積雨者其色昏

或氣候暴暄茶芽蒸發采工汗手薰漬揀摘不給則製造雖多皆爲常品矣試時色非鮮白水腳微紅者。

過時之病也。

二白合盜葉

茶之精絕者曰鬭曰亞鬭其次揀芽茶芽鬭品雖最上園戶或止一株蓋天材間有特異非能皆然也且

物之變勢無常而人之耳目有盡故造鬭品之家有昔優而今劣前負而後勝者雖人工有至有不至亦

造化推移不可得而擅也其造一火曰鬭二火曰亞鬭不過十數銙而已揀芽則不然徧園隴中擇其精

英者耳其或貪多務得又滋色澤往往以白合盜葉間之試時色雖鮮白其味澀淡者間白合盜葉之病

古今茶事

也。

一鷹爪之芽有兩小葉抱而生者白合也新條葉之初生而白者盜葉也造揀芽常剔取鷹爪而白合不用況盜葉乎。

三入雜

物固不可以容僞況飲食之物尤不可也故茶有入他草者建人號爲入雜銙列入柿葉常品入桴欖葉二葉易致又滋色澤園民欺售直而爲之試時無粟紋甘香盜而浮散隱如微毛或星星如纖絮者入雜之病也善茶品者側盞視之所入之多寡從可知矣鬲上下品有之近雖銙列亦或勾使

四蒸不熟

穀芽初采不過盈筐而已趣時爭新之勢然也旣采而蒸旣蒸而研蒸有不熟之病有過熟之病蒸不熟自雖精芽所損已多試時色靑易沈味爲桃仁之氣者不蒸熟之病也唯正熟者味甘香

五過熟

茶芽方蒸以氣爲候視之不可以不謹也試時色黃而粟紋大者過熟之病也然雖過熟愈於不熟甘香之味勝也故君謨論色則以靑白勝黃白余論味則以黃白勝靑白

六焦釜

心一堂 飲食文化經典文庫

茶蒸不可以逾久久而過熟又久則湯乾而焦釜之氣出茶工有注新湯以益之是致蒸損茶黃試時色多昏黯氣味惡者焦釜之病也建人謂熱為焦釜

七壓黃

茶已蒸者為黃黃細則已入捲模制之矣蓋清潔鮮明則香色如之故采佳品者常於半曉間衝蒙雲霧或以罐汲新泉懸胸間得必投其中蓋欲鮮也其或曰氣烘爍茶芽暴長工力不給其采芽已色不鮮明薄如壞卵氣者壓黃之病也

八漬膏

茶餅光黃又如蔭潤者榨不乾也榨欲盡去其膏膏盡則有如乾竹葉之意味唯飾首面者故榨不欲乾以利易售試時色雖鮮白其味帶苦者漬膏之病也

九傷焙

夫茶本以芽葉之物就之捲模既出捲上笪焙之用火務令通熱即以灰覆之慮其中以熟火氣然茶民不喜用實炭號為冷火以茶餅新濕欲乾以見售故用火常帶煙焰煙焰既多稍失看候以故薰損茶餅試時其色昏紅氣味帶焦者傷焰之病也

十辨壑源沙溪

鑿源沙溪。其地相背而中隔一嶺、其去無數里之遠。然茶產頓殊有能出力移植之亦為士氣所化竊

嘗惟茶之為草一物爾其勢必猶得地而後異豈水絡地脈偏鍾粹於鑿源豈御焙占此大岡巍隴神物

伏護得其餘蔭邪何其甘芳精至而美擅天下也觀夫春雷一驚筍籠纔起售者已擔簦挈橐於其門或

先期而散留金錢或茶纔入笪而爭酬所直故鑿源之茶常不足容所求其有柴滑之園民亦勇於覓利或

黃雜就家捲而製之人耳其名晚其規模之相若不能原其實者蓋有之矣凡鑿源之茶售以十則沙溪

之茶售以五其直大率倣此然沙溪之園民亦勇於覓利或雜以松黃飾其首面凡肉理怯薄體輕而色

黃試時雖鮮白不能久泛香薄而味短者沙溪之品也凡肉理實厚體堅而色紫試時泛盞凝久香滑而

味長者鑿源之品也。

後論

今嘗論茶之精絕者其白合未開其細如麥。蓋得青陽之輕清者也又其山多帶砂石而號佳品者皆在

山南蓋得朝陽之和者也。余嘗事閒乘暑景之明淨適軒亭之瀟灑一一皆取品試低而神水生於華池。

愈甘而新其有助乎然建安之茶散八下者不為也。而得建安之精品不善矣或

不善於烹試矣或非其時尤不善也況非其質乎然未有主賢而賓愚者也夫惟知此然後蠹茶之事曹

者。陸羽號為知茶然羽之所知者皆今之所謂茶草何哉如鴻漸所論蒸筍幷葉畏流其膏蓋草茶味短

心一堂　飲食文化經典文庫

而淡故常恐去膏建茶力厚而甘故惟欲去膏又論頋建爲未詳往往得之其味極佳由是觀之鴻漸未

嘗到建安歟。

北苑別錄

序

無名字

建安之東三十里有山曰鳳凰其下直北苑旁聯諸焙厥土赤壤厥茶惟上上太平興國中初爲御焙蒇

模龍鳳以羞貢篚蓋表珍異慶曆中漕臺益重其事品數日增制度日精厥今茶自北苑上者獨冠天下

非人間所可得也方其春蟲震蟄羣夫雷動一時之盛誠爲大觀故建人謂至建安而不詣北苑與不至

者同僕同攝事遂得研究其始末姑摭其大槩修爲十餘類目曰北苑別錄云。

御園

九窠十二隴。

龍游窠。　　麥窠。　　壤園。

雞藪窠。　　小苦竹。　　苦竹裏。

鼮鼠窠。　　苦竹。　　苦竹源。

　　　　　教練隴。　　鳳凰山。

大小焊。　　　　横坑。　　　　猿游隴。

張坑。　　　　帶園。　　　　焙東。

中厯。　　　　東際。　　　　西際。

官平。　　　　石碎窠。　　　　上下官坑。

虎膝窠。　　　　樓隴。　　　　蕉窠。

新園。　　　　天樓基。　　　　院坑。

曾坑。＿　　　　黃際。　　　　馬安山。

林園。　　　　和尙園。　　　　黃淡窠。

吳彥山。　　　　羅漢山。　　　　水桑窠。

銅場。　　　　師如園。　　　　靈滋。

苑馬園。　　　　高畲。　　　　大窠頭。

小山。

右四十六所。廣袤三十餘里。自官平而上爲內園官坑而下爲外園。方春靈芽萌坼。先民焙十餘日。如

九窠十二隴龍游窠小苦竹張坑西際。又爲禁園之先也。

開焙

驚蟄節萬物始萌每歲常以前三日開焙遇閏則後之以其氣候少遲故也。

采茶

采茶之法須是清晨不可見日晨則夜露未晞茶芽斯潤見日則爲陽氣所薄使芽之膏腴內耗至受水而不鮮明故每日常以五更撾鼓集羣夫於鳳凰山_{山有打鼓亭}監采官人給一牌入山至辰刻則復鳴鑼以聚之恐其踰時貪多務得也大抵采茶亦須習熟募夫之際必擇士著及諳曉之人非特識茶發早晚所在而於采摘亦知其指要蓋以指而不以甲則多溫而易損以甲而不以指則速斷而不柔_{從舊說也。}故采夫欲其習熟政爲是耳。_{采夫日役二百二十二人。}

揀茶

茶有小芽有中芽有紫芽有白合有烏蔕不可不辨小芽者其小如鷹爪初造龍園勝雪白茶以其芽先次蒸熟置之水盆中剔取其精英僅如針小謂之水芽是小芽中之最精者也中芽古謂之一鎗二旗是也紫芽葉之紫者也白合乃小芽有兩葉抱而生者是也烏蔕茶之蔕頭是也凡茶以水芽爲上小芽次之中芽又次之紫芽白合烏蔕皆在所不取使其擇焉而精則茶之色味無不佳萬一雜之以所不取則首面不均色濁而味重也。

蒸茶

茶芽再四洗滌取令潔淨然後入甑俟湯沸蒸之然蒸有過熟之患有不熟之患過熟則色黃而味淡不熟則色青易沈而有草木之氣唯在得中為當

榨茶

茶既熟謂茶黃須淋洗數過（欲其冷也）方入小榨以去其水又入大榨出其膏（水芽則以高搾壓之以其芽嫩故也）先是包以布帛束以竹皮然後入大榨壓之至中夜取出揉勻復如前入榨謂之翻榨徹曉奮擊必至於乾淨而後已蓋建茶之味遠而力厚非江茶之比江茶畏沈其膏建茶唯恐其膏之不盡則色味重濁矣

研茶

研茶之具以柯為杵以瓦為盆分團酌水亦皆有數上而勝雪白茶以十六水下而揀芽之水六小龍鳳四大龍鳳二其餘皆一十二焉自十二水而上曰研一團自六水而下曰研三團至七團每水研三必至於水乾茶熟而後已水不乾則茶不熟茶不熟則首面不勻煎試易沈故研夫尤貴於彊有力者也嘗謂天下之理未有不須而成者有北苑之芽而後有龍井之水龍井之水清而且甘盡夜酌之而不竭凡茶自北苑上者皆資焉亦猶錦之於蜀江膠之於阿井詎不信然

造茶

造茶舊分四局匠者起好勝之心彼此相誇不能無弊遂併爲二焉故茶堂有東作西作之號凡茶之初出研盆盪之欲其勻操之欲其膩然後入圈製銙隨笪過黃有方故銙有花銙有大龍有小龍品色不同其名亦異隨綱繫之於貢茶云

過黃

茶之過黃初入烈火焙之次過沸湯爁之凡如是者三而後宿一火至翌日遂過煙焙之火不欲烈烈則面炮而色黑又不欲煙煙則香盡而味焦但取其溫溫而已凡火之數多寡皆視其銙之厚薄銙之厚者有十火至於十五火銙之薄者八火至於六火火數既足然後過湯上出色出色之後置之密室急以扇扇之則色澤自然光瑩矣

綱次

　　細色第一綱

　　　　龍焙貢新

　　　　龍焙試新

　　細色第二綱

水芽十二水十宿火正貢三十銙創添二十銙。

水芽十二水十宿火正貢一百銙創添五十銙。

細色第三綱

龍園勝雪

水芽十六水十二宿火正貢三十銙續添二十銙創添二十銙。

白茶

水芽十六水七宿火正貢三十銙續添五十銙創添八十銙。

御苑玉芽

小芽十二水八宿火正貢一百片。

萬壽龍芽

小芽十二水八宿火正貢一百片。

上林第一

小芽十二水十宿火正貢一百銙。

乙夜清供

小芽十二水十宿火正貢一百銙。

承平雅玩

小芽十二水。十宿火正貢一百銙。

龍鳳英華

小芽十二水。十宿火正貢一百銙。

玉除清賞

小芽十二水。十宿火正貢一百銙。

啓沃承恩

小芽十二水。十宿火正貢一百銙。

雪英

小芽十二水。七宿火正貢一百片。

雲葉

小芽十二水。七宿火正貢一百片。

蜀葵

小芽十二水。七宿火正貢一百片。

金錢

小芽。十二水七宿火。正貢一百片。

寸金

小芽。十二水九宿火正貢一百錡。

細色第四綱

龍團勝雪

水芽十六水十二宿火正貢一百五十錡。

無比壽芽

小芽十二水十五宿火。正貢五十錡創添五十錡。

萬春銀葉

小芽。十二水十宿火正貢四十片。創添六十片。

宜年寶玉

小芽。十二水十宿火正貢四十片創添六十片。

玉清慶雲

小芽。十二水十五宿火正貢四十片。創添六十片。

小芽。十二水十五宿火正貢四十片。創添六十片。
無疆壽龍

小芽。十二水十五宿火正貢四十片。創添六十片。
玉葉長春

小芽。十二水七宿火正貢一百片。
瑞雲翔龍

小芽。十二水九宿火正貢一百八片。
長壽玉圭

小芽。十二水九宿火正貢二百片。
興國巖銙

中芽。十二水十宿火正貢一百七十銙。
香口焙銙

中芽。十二水十宿火正貢五十銙。
上品揀芽

小芽。十二水十宿火正貢一百片。

新收揀芽

中芽。十二水十宿火正貢六百片。

細色第五綱

太平嘉瑞

小芽。十二水九宿火正貢三百片。

龍苑報春

小芽。十二水九宿火正貢六十片創添六十片。

南山應瑞

小芽。十二水十五宿火正貢六十銙創添六十銙。

興國巖揀芽

中芽。十二水十宿火正貢五百十片。

興國巖小龍

中芽。十二水十五宿火正貢七百五十片。

與國巖小鳳

中芽十二水十五宿火正貢五十片。

先春兩色

太平嘉瑞

已見前。正貢二百片。

長壽玉圭

已見前。正貢一百片。

續入額四色

御苑玉芽

已見前。正貢一百片。

萬壽龍芽

已見前。正貢一百片。

無比壽芽

已見前。正貢一百片。

已見前。正貢一百片。

瑞雲翔龍

已見前。正貢一百片。

　　麤色第一綱

　　　正貢

不入腦子上品揀芽小龍一千二百片六水十宿火。

入腦子小龍七百片四水十五宿火。

　　　增添

不入腦子上品揀芽小龍一千二百片。

入腦子小龍七百片。

建寧府附發小龍茶八百四十片。

　　麤色第二綱

　　　正貢

不入腦子上品揀芽小龍六百四十片。

入腦子小龍六百七十二片。

入腦子小鳳一千三百四十片四水十五宿火。

入腦子大龍七百二十片二水十五宿火。

入腦子大鳳七百二十片二水十五宿火。

　　　增添

不入腦子上品揀芽小龍一千二百片。

入腦子小龍七百片。

建寧府附發小鳳茶一千三百片。

　　蠟色第三綱

　　　正貢

不入腦子上品揀芽小龍六百四十片。

入腦子小龍六百四十片。

入腦子小鳳六百七十二片。

入腦子大龍一千八百片。

入腦子大鳳一千八百片。

增添

不入腦子上品揀芽小龍一千二百片。

入腦子小龍七百片。

建寧府附發大龍茶四百片大鳳茶四百片。

　　　　纖色第四綱

　　　正貢

不入腦子上品揀芽小龍六百片。

入腦子小龍三百三十六片。

入腦子小龍三百三十六片。

入腦子小鳳三百三十六片。

入腦子大龍一千二百四十片。

入腦子大鳳一千二百四十片。

建寧府附發大龍茶四百片大鳳茶四百片。

　　　　纖色第五綱

　　　正貢

入腦子大龍　一千三百六十八片。

入腦子大鳳　一千三百六十八片。

京鋌改造大龍　一千六百片。

建寧府附發大龍茶八百片大鳳茶八百片。

　　麤色第六綱

　　　正貢

入腦子大龍　一千三百六十片。

入腦子大鳳　一千三百六十片。

京鋌改造大龍　一千六百片、

建寧府附發大龍茶八百片大鳳茶八百片。

京鋌改造大龍　一千二百片。

　　　正貢

　　麤色第七綱

入腦子大龍一千二百四十片。

入腦子大鳳一千二百四十片。

京鋌改造大龍二千三百二十片。

建寧府附發大龍茶二百四十片，大鳳茶二百四十片。

京鋌改造大龍四百八十片。

細色五綱

貢新為最上後開焙十日入貢龍團為最精而建人有直四萬錢之語夫茶之入貢圈以箬葉內以黃斗。

盛以花箱護以重篚花箱內外又有黃羅羃之可謂十襲之珍矣。

麤色七綱

揀芽以四十餅為角小龍鳳以二十餅為角大龍鳳以八餅為角圈以箬葉束以紅縷包以紅紙緘以蒨綾惟揀芽俱以黃焉。

開畬

草木至夏益盛故欲奪生長之氣以滲雨露之澤每歲六月興工虛其本培其末滋蔓之草遏鬱之木。

用除之政所以導生長之氣而滲雨露之澤也此之謂開畬惟桐木則留焉桐木之性與茶相宜而又茶

至多則畏寒桐木望秋而先落茶至夏而畏日桐木至春而漸茂理亦然也。

外焙

石門。乳吉。香口。

右三焙常後北苑五七日與工。每日探茶蒸榨以其黃悉送北苑併造。

茶譜

顧元慶

序

余性嗜茗弱冠時識吳心遠於陽羨。識過養拙於琴川二公極於著事者也。授余收焙烹點法。頗爲簡易。及閱唐宋茶譜茶錄諸書法用熟碾細羅爲末爲餅。所謂小龍團尤爲珍重。故當時有金易得而龍餅不易得之謠。嗚呼豈士人而能爲此哉。頃見友蘭翁所集茶譜其法於二公頗合。但收探古今篇什太繁甚。失譜意。余暇日刪校仍附王友石竹爐即著節君像。幷分封六事於後重梓於大石山房。常與有玉川之癖者共之也。

茶略

茶者南方嘉木。自一尺二尺至數十尺。其巴峽有兩人抱者伐而掇之。樹如瓜蘆。葉如梔子。花如白薔薇。實如栟櫚。蔕如丁香。根如胡桃。

茶品

茶之產於天下多矣。若劍南有蒙頂石花。湖州有顧渚紫筍。峽州有碧澗明月。卬州有火井思安。渠江有薄片。巴東有眞香。福州有柏嚴洪州有白露常之陽羨婺之舉巖丫山之陽坡龍安之騎火黔陽之都濡高株瀘川之納溪梅嶺之數者其名皆著品第之則石花最上紫筍次之又次則碧澗明月之類是也惜皆不可致耳。

藝茶

藝茶欲茂法如種瓜。三歲可採。陽崖陰林紫者爲上綠者次之。

採茶

團黃有一旗二鎗之號。言一葉二芽也凡早取爲茶。晚取爲荈穀雨前後收者爲佳麤細皆可用。惟在採摘之時。天色晴明。炒焙適中盛貯如法。

藏茶

茶宜蒻葉而畏香藥喜溫燥而忌冷溼。故收藏之家。以蒻葉封裹入焙中。兩三日一次。用火當如人體溫。溫則去溼潤若火多。則茶焦不可食。

花茶諸法，

橙茶。將橙皮切作細絲一斤以好茶五斤焙乾入橙絲間和用密麻布襯墊火箱置茶於上烘熱淨綿被罨之三兩時隨用建連紙袋封裹仍以被罨焙乾收用。

蓮花茶。於日未出時將半含蓮花撥開放細茶一撮納滿蕊中以麻皮略繫令其經宿次早摘花傾出茶葉用建紙包茶焙乾再如前法又將茶葉入別蕊中如此者數次取其焙乾收用不勝香美。

木樨茉莉玫瑰薔薇蘭蕙橘花梔子木香梅花皆可作茶諸花開時摘其半含半放蕊之香氣全者量其茶葉多少摘花爲茶花多則太香而脫茶韻花少則不香而不盡美三停茶葉一停花始稱假如木樨花。

須去其枝蔕及塵垢蟲蟻用磁罐一層茶一層花投間至滿紙箬繫固入鍋重湯煮之取出待冷用紙封裹置火上焙乾收用諸花倣此。

煎茶四要

一擇水

凡水泉不甘能損茶味之嚴。故古人擇水最爲切要。山水上江水次井水下山水乳泉漫流者爲上瀑湧湍激勿食食久令人有頸疾江水取去人遠者非水取汲多者如蟹黃混濁鹹苦者皆勿用。

二洗茶

凡烹茶先以熱湯洗茶葉去其塵垢冷氣烹之則美。

三候湯

凡茶須緩火炙活火煎活火謂炭火之有焰者常使湯無妄沸庶可養茶始則魚目散布微微有聲一則

四邊泉湧纍纍連珠終則騰波鼓浪水氣全消謂之老湯三沸之法非活火不能成也

凡茶少湯多則雲腳散湯少茶多則乳面聚

四擇品

凡瓶要小者易候湯又點茶注湯有應若瓶大啜存停久味過則不佳矣茶銚茶瓶銀錫爲上瓷石次之

茶色白宜黑盞建安所造者紺黑紋如兔毫其坯微厚熁之久熱難冷最爲要用出他處者或薄坯色異

皆不及也

茶三要

一滌器

茶瓶茶盞茶匙生鉎致損茶味必須先時洗潔則美

二熁盞

凡點茶先須熁盞令熱則茶面聚乳冷則茶色不浮

三擇果

茶有眞香。有佳味。有正色。烹點之際。不宜以珍果香草雜之。奪其香者松子、柑橙、杏仁、蓮心、木香、梅花、茉莉、薔薇、木樨之類是也。奪其味者牛乳、番桃、荔枝、圓眼、水梨、枇杷之類是也。奪其色者柿餅、膠棗、火桃、楊梅、橙橘之類是也。凡飲佳茶去果方覺淸絕。雜之則無辨矣。若必曰所宜核桃、榛子、瓜仁、藻仁、菱米、欖仁、果子、雞豆、銀杏、山藥、筍乾、芝麻、莒蒿、萵苣、芹菜之類精製或可用也。

茶效

人飲眞茶能止渴消食。除痰少睡。利水道。明目益思。除煩去膩。人固不可一日無茶。然或有忌而不飲。每食已輒以濃茶漱口。煩膩旣去。而脾胃健旺。凡肉之在齒間者得茶漱滌之。乃盡消縮。不覺脫去不煩挑也。而齒性便苦緣此漸堅密。蠹毒自已矣。然率用中下茶。出蘇文。

茶錄

總敍　　　　　　　　馮時可

茶一名檟。又名蔎名荈。檟苦荼也。蔎則西蜀語。茗則晚取者。本草荈甘檟苦。羽經則稱檟甘荈苦。荼尊爲經。自陸羽始。羽經稱茶味至寒。採不時造不精。雜以卉莽飲之成疾。若採造得宜。便與醍醐甘露抗

衡故知茶全貴採造蘇州茶飲徧天下專以採造勝耳徽郡向無茶近出松蘿茶最爲時尙是茶始比丘

大方大方居虎丘最久得採造法其後於徽之松蘿結庵採諸山茶於庵焙製遠邇爭市價倏翔湧人因

稱松蘿茶實非松蘿所出也是茶比天池茶稍麤而氣甚香味更滑然於虎丘能稱仲不能伯也松郡余

山亦有茶與天池無異顧採造不如近有比丘來以虎丘法製之味與松蘿等老衲亟逐之曰無爲此山

開韁徑而置火坑蓋佛以名爲五欲之一名媒利利媒禍物且難容況人乎

鴻漸伎倆磊塊著是茶經蓋以名爲逃名也示人以處其小無志於大也意亦與韓康市藥事相同不知者乃

謂其宿名夫羽惡用名者且經六經而經茶乎張步兵有云使我有身後名不如生前一杯酒夫

一杯酒之可以逃名也又惡知一杯茶之欲以逃名也

芘莉一曰筹篡茶籠也犧木杓也瓢也永嘉中餘姚人虞洪入瀑布山採茗遇一修眞道士云吾丹丘子

祈子他日甌犧之餘乞相遺也故知神仙之貴茶久矣

茶經用水以山爲上江爲中井爲下山勿太高勿多石勿太遠蓋潛龍巨虺所畜毒多於斯也又有瀑

湧湍激者氣最悍食之令頸疾惠泉最宜人無前患耳

江水取去人遠者井取汲多者其沸如魚目微有聲爲一沸緣邊如湧泉連珠爲二沸騰波鼓浪爲三沸

過此水老不可食也沫餑湯之華也華之薄者曰沫厚者曰餑省茶經中語大抵畜水惡其停夐水惡其

老皆於陰陽不適。故不宜人耳。

羅岕茶記

熊明遇

七則

產茶處山之夕陽勝於朝陽。廟後山西向故稱佳。總不如洞山南向受陽氣特專稱仙品。

茶產平地受土氣多故其質濁。岕茗產於高山渾是風露清虛之氣故為可尚。

茶以初出雨前者佳惟羅岕立夏開園吳中所貴梗粗葉厚有蕭箬之氣還是夏月六七日如雀舌者佳。

最不易得。

藏茶宜箬葉而畏香藥喜溫燥而忌冷濕。收藏時先用青箬以竹絲編之。醊器四週焙茶俟冷貯器中以生炭火煅過烈日中暴之令滅亂插茶中封固器口覆以新磚置高爽近人處霉天雨候切忌發覆須於晴明取少許別貯小瓶空缺處即以箬填滿封置如故方為可久或夏至後一焙或秋分後一焙。

烹茶水之功居大無泉則用天水秋雨為上梅雨次之秋雨冽而白梅雨醇而白雪水天地之精也色不能白養水須置石子於甕不惟益水而白石清泉會心亦不在遠。

茶之色重味重香重者俱非上品松蘿香重六安味苦而香與松蘿同天池亦有草萊氣龍井如之至雲

霧則色重而味濃矣嘗啜虎丘茶色白而香似嬰兒肉真精絕

茶色貴白然白亦不難泉清瓶潔葉少水洗旋烹旋啜其色自然白也然真味抑鬱徒為日食耳若取青緑則

天池松蘿及膾之最下者雖冬月色亦如苦衣何足為妙莫若余所收洞山茶自穀雨後五日者以湯薄

瀹貯壺良久其色如玉至冬則嫩緑味甘色淡韻清氣醇亦作嬰兒肉香而芝芬浮蕩則虎丘所無也

茶寮記

陸樹聲

總叙

園居敬小寮於嘯軒埤垣之西中設茶竈凡瓢汲器注濯沸之具咸庀擇一人稍通茗事者主之一人佐

炊汲客至則茶煙隱隱起竹外其禪客過從余者每與余相對結跏趺坐啜茗舉無生話終南僧明亮

者近從天池來餉余天池苦茶授余烹點法甚細余嘗受其法於陽羨士人大率先火候其次候湯所謂

蟹眼魚目參沸沫浮沈以驗生熟者法皆同而僧所烹點味絕清乳面不黟是具人清淨味中三昧者要

之此一味非眠雲跂石人未易領略余方遠俗雅意禪棲安知不因是遂悟入趙州耶時秒秋既望適園

無諍居士與五臺僧演鎮終南僧明亮同試天池茶於茶寮中

雲腳乳面

凡茶少湯多則雲腳散湯少茶多則乳面浮。

茗戰

建人謂鬪茶為茗戰。

茶名

一曰茶二曰檟三曰蔎四曰茗五曰荈揚雄注云蜀西南謂茶曰蔎郭璞云早取為茶晚取為茗又為荈。

候湯三沸

茶經。凡候湯有三沸如魚眼微有聲為一沸四向如湧泉連珠為二沸騰波鼓浪為三沸則湯老。

祕水

唐祕書省中水最佳故名祕水。

火前茶

蜀雅州蒙山頂上火前茶最好謂焚火以前採者後者謂之火後茶。

五花茶

蒙頂又有五花茶其房作五出。

文火長泉

顧況論茶云。煎以文火細烟小鼎長泉。

報春鳥

顧渚山茶記山中有鳥每至正月二月鳴云。春起也至三月四月云。春去也採茶者咸呼爲報春鳥。

酪蒼頭

謝宗論茶豈可爲酪蒼頭便應代酒從事。

漚花

又曰候蟾背之芳香觀蝦目之沸湯。故細漚花泛浮餑雲騰昏俗塵勞一啜而散。

花乳

陶弘景云苦茶換骨輕身昔丹丘山黃山服之。

　　換骨輕身

劉禹錫試茶歌。欲知花乳清冷味須是眠雲跂石人。

　　瑞草魁

杜牧茶山詩云山實東吳秀茶稱瑞草魁。

　　白泥赤印

劉禹錫試茶歌云。何況蒙山顧渚春。白泥赤印走風塵。

茗粥

茗古不聞食。晉宋已降吳人採葉煮之曰茗粥。

茶疏

許次紓

產茶

天下名山必產靈草。江南地暖故獨宜茶。大江以北。則稱六安。然六安乃其郡名。其實產霍山縣之大蜀
山也。茶生最多名品亦振於南山陜人皆用之。南方謂其能消垢膩去積滯亦甚寶愛顧彼山中不善製
造。就以食鐺大薪炒焙未及出釜業已焦枯詎堪用哉。兼以竹造巨笥乘熱便貯雖有綠枝紫筍輒就萎
黃僅供下食奚堪品鬥江南之茶唐人首稱陽羨宋人最重建州於今貢茶兩地獨多。陽羨僅有其名建
茶亦非最上惟有武夷雨前最勝。近日所尚者為長興之羅岕疑即古人顧渚紫筍也。介於山中謂之岕
羅氏隱焉故名羅岕然岕故有數處今惟洞山最佳姚伯道云明月之峽厥有佳茗是名上乘要之採之人
時製之盡法無不佳者其韻致清遠滋味甘香清渴除煩足稱仙品此自一種也。岕在顧渚亦有佳者人
但以水口茶名之全與岕別矣。若歙之松蘿吳之虎丘錢塘之龍井香氣穠郁。並可與岕頡頏次甫頗稱

黃山黃山亦在欲中然去松蘿遠甚士人皆貴天池天池產者飲之略令人腹滿自余始下其品向多

非之近來賞奇者始信余言矣浙之產又曰天台之鴈宕括蒼之大盤東陽之金華紹興之日鑄皆與武

夷相為伯仲然雖有名茶而土人之製造不精收藏無法一行出山香味色俱減錢塘諸山產茶甚多南

山盡佳北山次之北山勤於用糞壅雖易茁氣韻反薄武夷之外有泉州之清源倘以好手製之亦與武

夷亞匹惜多焦枯令人意盡楚之產曰寶慶滇之產曰五華此皆表表有名猶在鴈茶之上其他名山所

產當不止此余不及論。

採摘

清明穀雨摘茶之候也清明太早立夏太遲穀雨前後其時適中若肯再遲一二日期待其氣力完足香

烈尤倍易於收藏梅雨不蒸雖稍長大故是嫩枝柔葉也杭俗喜於盂中撮點故貴極細理煩散鬱未可

遽非吳松人極貴吾鄉龍井背以重價購雨前細者狃於故常未解妙理盂中之人非夏前不摘初試摘

者謂之開園採自正夏謂之春茶其地稍寒故須待夏此又不當以太遲病之往日無有於秋日摘茶者

近乃有之秋七八月重摘一番謂之早春其品甚佳不嫌少薄他山射利多摘梅茶梅茶澀苦止堪作下

食且傷秋摘佳產戒之

炒茶

生茶初摘香氣未透，必借火力以發其香。然性不耐勞炒不宜久取入鐺則手力不勻久於鐺中過熟

而香散矣甚且枯焦不堪烹點炒茶之器最嫌新鐵鐵腥一入不復有香大忌脂膩害甚於鐵須豫取一

鐺專用炊飲無得別作他用炒茶之薪僅可樹枝不用幹葉幹則火力猛熾葉則易燄易滅鐺必磨瑩旋

摘旋炒一鐺之內僅容四兩先用文火焙頰次用武火催之手加木指急急鈔轉以半熟為度微俟香發

是其候矣急用小扇鈔置被籠純綿大紙襯底燥焙積多候冷入瓶收藏人力若多數鐺數籠人力即少

僅一鐺二鐺亦須四五竹籠蓋炒速而焙遲燥濕不可相混混則大減香力一葉稍焦全鐺無用然火

忌猛尤嬢鐺冷則枝葉不柔以意消息最難最難。

岕中製法

岕之茶不妙甑中蒸熟然後烘焙緣其摘遲枝葉徽老炒亦不能使輕徒枯碎耳亦有一種極細炒岕乃

朶之他山炒焙以欺好奇者彼中甚愛惜茶决不忍乘嫩摘探以傷樹本余意他山所產亦稍遲探之待

其長大如岕中之法蒸之似無不可但未試嘗不敢漫作。

收藏

收藏宜用瓷甕大容一二十斤四圍厚箬中則貯茶須極燥極新專供此事久乃愈佳不必歲易茶須築

實仍用厚箬填緊甕口再加以箬以真皮紙包之以苧麻緊扎壓以大新磚勿令徵風得入可以接新

茶惡濕而喜燥畏寒而喜溫忌蒸鬱而喜清涼置頓之所須在時時坐臥之處逼近人氣則常溫不寒必在板房不宜土室板房則燥土室則蒸又要透風勿令巷幽隱之處尤易蒸濕兼恐有失點檢其閣皮之方宜磚底數層四圍磚砌形若火爐愈大愈善勿近土牆頓甕其上隨時取下火灰候冷簇於甕傍半尺以外仍隨時取灰火簇之令裏灰常燥一以避濕一以避風却忌火氣入甕則能黃茶世人多用竹器貯茶雖復多用箬護然箬性峭勁不甚妥帖最難緊實能無滲罅風濕易侵多故無益也其不堪地貯頓萬萬不可人有以竹器盛茶置籠中用火焙黃除火即潤忌之忌之

取用

茶之所忌上條備矣然則陰雨之日豈宜擅開如欲取用必候天氣晴明融和高朗然後開缶庶無風濕先用熱水濯手麻就拭燥缶口內箬別置燥處另取小罌貯所取茶量日幾何以十日爲限去茶盈寸則以寸箬補之仍須碎剪茶日漸少箬日漸多此其要也焙燥築黃包繫如前

包裹

茶性畏紙紙於水中成受水氣多也紙裹一夕隨紙作氣盡矣雖火中焙出少頃即潤鴈宕諸山首坐此病每以紙帖寄遠安得復佳

日用所須貯小器中箬包苧繫亦勿見風宜卽罄之案頭勿頓巾箱書簏尤忌與食器同處並香藥則染

香藥海味則染海味其他以類而推不過一夕黃色變矣。

日用頓置

茶箋

聞龍

製法

茶初摘時須揀去枝梗老葉惟取嫩葉又須去尖與柄恐其易焦此松羅法也炒時須一人從傍扇之以

祛熱氣否則黃色香味俱減予所親試扇者色翠不扇色黃炒起出鐺時置大甕盤中仍須急扇令熱氣

稍退以手重揉之再散入鐺文火炒乾入焙蓋揉則其津上浮點時香味易出田子藝以生曬不炒不揉

者爲佳亦未之試耳

經云焙鑿地深二尺闊一尺五寸長一丈上作短牆高二尺泥之以木構於焙上編木兩層高一尺以焙

茶之半乾昇下棚全乾昇上棚恐謂今人不必全用此法予嘗搆一焙室高不踰尋方不及丈縱廣正

等四圍及頂綿紙密糊無小罅隙置三四火缸於中安新竹篩於缸內預洗新麻布一片以襯之散所炒

茶於篩上闔戶而焙上面不可覆蓋茶藥尚潤一覆則氣悶罨黃須焙二三時俟潤氣盡然後覆以竹箕

103

焙極乾出缸。待冷入器收藏後。再焙亦用此法色香與味。不致大減。

諸名茶法多用炒。惟羅岕宜於蒸焙。味眞蘊藉世競珍之。即顧渚陽羨密邇洞山不復做此。想此法偏宜

於岕。未可槩施他著而經已云蒸之焙之。則所從來遠矣。

吳人絕重岕茶往往雜以黃黑箬。大是闕事。余每藏茶必令樵青入山採竹箭箬拭淨烘乾護罌四週半

用剪碎拌入茶中經年發覆青翠如新。

吾鄉四陲皆山泉水在在有之。然皆淡而不甘。獨所謂它泉者其源出自四明瀑淺洞歷大闗小皎諸名

岫迴溪百折幽澗千支沿洞漫衍不舍晝夜唐鄞令王公元偉築壜它山以分注江河自洞抵壜不下三

數百里。水色蔚藍素砂白石粼粼見底清寒甘滑甲於郡中。余愧不能為浮家泛宅送老于斯每一臨泛

浹旬忘返。携茗就烹珍鮮特甚洵源泉之最勝矣。以僻在海陬圖經是漏故又新之記罔聞。

季疵之枸莫及遂不得與穀簾諸泉齒譬猶逸民高士直將逃名世外亦且永托知稀矣。

山林隱逸。水銚用銀尚不易得何況銅乎若用之恆。而卒歸於鐵也。

茶具滌畢覆於竹架俟其自乾為佳其拭巾只宜拭外切忌拭內。蓋布帨雖潔一經水手極易作氣縱器

不乾。亦無大害。

吳興姚叔度言茶葉多焙一次。則香味隨減一次。予驗之良然。但於始焙極燥。多用炭箬如法封固。即梅

雨連旬燥固自若。惟開罐頻取所以生潤不得不再焙耳。自四五月至八月。極宜致謹。九月以後。天氣漸蕭。便可解嚴矣。雖然能不弛懈尤妙尤妙。

東坡云蔡君謨嗜茶老病不能飲。日烹而玩之。可發來者之一笑也。執知千載之下。有同病焉。余嘗有詩云年老耽彌甚脾寒量不勝去烹而玩之者幾希矣。因憶老友周文甫自少至老。茗碗薰爐無時暫廢飲茶日有定期且明晏食遇中。餔時。下舂黃昏凡六舉其僅僕烹點不與焉壽八十五無疾而卒非宿植清福鳥能與世安享視好而不能飲者所得不既多乎家中有襲春壺摩挲寶愛不啻掌珠用之既久外類紫玉內如碧雲眞奇物也後以殉葬。

茶解

羅 廩

十二則

但關其一正得五人卽行三盌以雋永補所闕人故不必別約盌數也。

按經云第二沸留熟以貯之以備育華救沸之用者名曰雋永五人則行三盌七人則行五盌若遇六人。

按唐氏產茶地僅僅如季疵所稱而今之虎丘、羅岕、天池、顧渚、松蘿、龍井、鴈宕、武夷、靈山、大盤、日鑄、朱溪諸名茶無一與焉。乃知靈草在在有之。但培植不嘉或疏採製耳。

茶地南向爲佳向陰者逾劣故一山之中、美惡大相懸也。

茶固不宜加以惡木惟桂、梅、辛夷、玉蘭、玫瑰、蒼松、翠竹與之間植足以蔽覆霜雪掩映秋陽其下可植芳

蘭幽菊清芬之物。最忌菜畦相逼不免滲漉牂厰淸眞。

凡貯茶之器始終貯茶不得移爲他用。

烹茶須甘泉次梅水梅雨如膏萬物賴以滋養其味獨甘梅後便不堪飮大甕滿貯投伏龍肝一塊即竈

中心乾土也乘熱投之。

貯水甕須置陰庭覆以沙石使承星露則英華不散靈氣常存假令壓以木石封以紙箬暴於日中則外

耗其神內閉其氣水神斃矣。

李南金謂當用背二涉三之際爲合量。此眞賞鑒之言而羅鶴林懼湯老欲於松楓潤水後移甁去火少

待沸止而瀹之。此語亦未中窾殊不知湯既老矣雖去火何捄哉。

茶爐或瓦或竹大小與湯銚稱。

探茶制茶最忌手汗膻氣口臭多涕不潔之人及月信婦人又忌酒氣蓋茶酒性不相入故製茶人切忌

沾醉。

茶性淫易於染著無論腥穢及有氣息之物不宜近卽名香亦不宜近。

山堂夜坐。汲泉煮茗。至水火相戰。如聽松濤清芬滿杯。雲光艷激此時幽氣。故難與俗人言矣。

茶色白味甘鮮香觸鼻乃為精品茶之精者淡亦白濃亦白初潑白少頃亦白其香自澄者得

則俱得也近來好事者或慮其色重先注之湯投茶數片味固不足香亦窅然終不免水厄之誚矣然尤

賞擇水香以蘭花上蠶荳花次之水以山上石池泉旋汲用之斯良丙舍在城夫豈易得故宜多汲貯以

大甕但忌新器為其火氣未退易於敗水亦易生蟲久用則善最嫌他用水性忌木松杉為甚木桶貯水

其害滋甚挈瓶為佳耳

考槃餘事

屠隆

茶品

與茶精稍異今烹製之法亦與蔡陸諸前人不同。

虎丘

最號精絕為天下冠惜不多產省為豪右所據寂寞山家無由獲購矣。

天池

青翠芳馨啜之賞心嗅亦消渴誠可稱仙品諸山之茶尤當退舍。

俗名羅�795　浙之長與者佳　荊溪稻下細者其價兩倍天池　惜乎難得　須親自采收方妙。

六安

品亦精入藥最效　但不善妙不能發香而味苦茶之本性實佳。

龍井

不過十數畝外此有茶似皆不及　大抵天開龍泓美泉山靈特生佳茗　以副之耳山中僅有一二家妙法甚精　近有山僧焙者亦妙　眞者天池不能及也。

天目

爲天池龍井之次　亦佳品也　地誌云山中寒氣早嚴山僧至九月卽不敢出冬來多雪三月後方通行　茶之萌芽較晚。

采茶

不必太細　細則芽初萌而味欠足　不必太靑則茶巳老而味欠嫩　須在穀雨前後　覓成梗帶葉微綠色。而團且厚者爲上　更須天色晴明采之方妙　若閩廣嶺南多瘴癘之氣　必待日出山霽霧障嵐氣收淨采之可也　穀雨日晴明采者能除痰嗽療百疾。

日曬茶

茶有宜以日曬者青翠香潔勝於火炒。

焙茶

茶朵時。先自帶鍋竈入山別租一室擇茶工之尤良者倍其雇直戒其搓摩勿使生硬勿令過焦細細炒

燥扇冷方貯罌中。

藏茶

茶宜箬葉而畏香藥喜溫燥而忌冷濕故收藏之家。先於清明時收買箬葉揀其最青者預焙極燥以竹絲編之每四片編為一塊聽用又買宜與新堅大罌可容茶十斤以上者洗淨焙乾聽用山中焙茶回復焙一番去其茶子老葉枯焦者及梗屑以大盆埋伏生炭覆以竈中敲細赤火既不生烟又不易過置茶焙下焙之。約以二斤作一焙別有炭火入大爐內將罌懸架其上至燥極而止以箬襯於罌底茶燥者扇冷方先入罌茶之燥以拈起即成末為驗焙隨焙隨入既滿又以箬葉覆於罌上每茶一斤約用箬二兩口用尺八紙焙燥封固約六七層壓以方厚白木板一塊亦取焙燥者然後於向明淨室高閣之用時以新燥宜與小瓶取出約可受四五兩隨即包整夏至後三日再焙一次秋分後三日又焙一次一陽後三日又焙之。連山中共五焙直至交新色味如一罌中用淺更以燥箬葉貯滿之則久而不泄。

又法以中罎盛茶十斤一瓶每瓶燒稻草灰入於大桶將茶瓶坐桶中以灰四面填桶上覆灰築實每

用撥開瓶取茶些少仍覆灰再無蒸壞次年換灰又法空樓中懸架將茶瓶口朝下放不蒸綠蒸氣自天

而下也。

諸花茶

蓮花茶於日未出時半含白蓮花撥開細茶一撮納滿蕊中以麻皮略縶令其經宿次早摘花傾出茶

葉用建紙包茶焙乾再如前法隨意以別蕊製之焙乾收用不勝香美。

橙茶將橙皮切作細絲一斤以好茶五斤焙乾入橙間和用密麻布襯墊火厢盌茶於上以淨綿被罨之

三兩時隨用建連紙袋封裹仍以被罨烘乾收用。

木樨玫瑰薔薇蘭蕙橘花梔子木香梅花皆可作茶諸花開時摘其半含半放蕊之其香氣全者量其茶多

少摘花為伴花多則太香而脫茶韻花少則不香而不盡美三停茶葉一停花始稱假如木樨花須去其

枝蔕及塵垢蟲蟻用瓷罐一層茶一層花投間至滿紙箬紮固入鍋重湯煮之取出待冷用紙封裹置火

上焙乾收用則花香滿頰茶味不減諸花倣此以上俱平等細茶拌之可也茗花入茶本色香味尤嘉

茉莉花以熟水半杯放冷鋪竹紙一層上穿數孔晚時采初開茉莉花綴於孔內上用紙封不令泄氣明

晨取花簪之水香可點茶。

擇水

天泉。秋水為上梅水次之。秋水白而冽梅水白而甘甘則茶味稍奪冽則茶味獨奪故秋水較差勝之。春冬二水春勝於冬皆以和風甘雨得天地之正施者為妙惟夏月暴雨不宜或因風雷所致實天之流怒也。

龍行之水暴而霪者旱而凍者腥而墨者皆不可食雪為五穀之精取以煎茶幽人清況。

地泉。取乳泉漫流者如梁溪之惠山泉為最勝。

取清寒者泉不難於清而難於寒石少土多沙膩泥凝者必不清寒且瀨峻流駛而清嚴奧陰積而寒者亦非佳品。

取山脈逶迤者山不停處水必不停著停即無源者矣旱必易涸往往有伏流沙土中者挹之不竭即可食不然則滲瀦之潦耳雖清勿食。

有瀑湧湍急者勿食食久令人有頸疾如廬山水簾洪州天台瀑布誠山居之珠箔錦幕以供耳目則可。

入水品則不宜矣。

有溫泉下生硫黃故然有同出一壑半溫半冷者皆非食品。

有流遠者遠則味薄取深潭停蓄其味迺復。

有不流者食之有害博物志曰山居之民多癭頸由於飲泉之不流者泉上有惡木則葉滋根潤能損甘

香甚者能釀毒液尤宜去之如南陽菊潭損益可驗。

江水　取去人遠者揚州南泠夾石潯淵特入首品。

長流　亦有通泉竇者必須汲貯候其澄澈可食。

井水　脈暗而性滯味鹹而色濁有妨茗氣試煎茶一甌隔宿視之則結浮膩一層他水則無此其明驗

矣。雖然汲多者可食終非佳品或平地偶穿一井適通泉穴味甘而澹大旱不涸與山泉無異非可以井

水例觀也若海濱之井必無佳泉蓋潮汐近地斥鹵故也。

靈水　上天自降之澤如上池天酒甜雪香雨之類世或希覯人亦罕識乃仙飲也。

丹泉　名山大川仙翁修煉之處水中有丹其味異常能延年卻病尤不易得凡不淨之器甚不可汲如

新安黃山峯下有硃砂泉可點茗春色微紅此自然之丹液也臨沅廖氏家世壽後掘井人得丹砂數

十粒酉湖葛洪井中有石甕淘出丹數枚如芡實啖之無味棄之有施漁翁者拾一粒食之壽一百六歲。

　　　養水

取白石子入甕中能養其味亦可澄水不淆。

　　洗茶

凡烹茶先以熱湯洗茶去其塵垢冷氣烹之則美。

候湯

凡茶須緩火炙活火煎活火謂炭火之有焰者以其去餘薪之烟雜穢之氣且使湯無妄沸焉可養茶始如魚目微有聲爲一沸緣邊湯泉連珠爲二沸奔濤濺沫爲三沸三沸之法非活火不成如坡翁云蟹眼已過魚眼生颼颼欲作松風聲盡之矣若薪火方交水生釜熾急取旋傾水氣未消謂之嫩若人過百息水踰十沸或以話阻事廢始取用之湯已失性謂之老老與嫩皆非也。

注湯

茶已就膏宜以造化成其形若手顫臂亸惟恐其深瓶嘴之端若存若亡湯不顧通則茶不勻粹是謂緩注一甌之茗不過二錢茗盞景合宜下湯不過六分萬一快瀉而深積之則茶少湯多是謂急注緩與急皆非中湯欲湯之中臂任其責。

擇器

凡瓶要小者易候湯又點茶注湯有應若瓶大啜存停久味過則不佳矣所以策功建湯業者金銀爲優貧賤者不能具則瓷石有足取焉瓷瓶不奪茶氣幽人逸士品色尤宜石凝結天地秀氣而賦形琢以爲器秀猶在焉其湯不良未之有也然勿與誇珍衒豪臭公子道銅鐵鉛錫腥苦且澀無油瓦瓶滲水而有

土氣用以煮水飲之。邃時惡氣纏口而不得去。亦不必與猥人俗輩言也。

宣廟時有茶盞料精式雅。質厚難冷。瑩白如玉。可試茶色。最爲要用。蔡君謨取建盞。其色紺黑似不宜用。

滌器

茶甌茶匙匙生鉎。致損茶味。必須先時洗潔則美。

熁盞

凡點茶必須熁盞令熱。則茶面聚乳。冷則茶色不浮。

擇薪

凡木可以煮湯。不獨炭也。惟調茶在湯之淑慝。而湯最惡烟。非炭不可。若暴炭膏薪濃烟蔽室。實爲茶魔。

或柴中之麩火焚餘之虛炭。風乾之竹篠樹梢。燃鼎附瓶。頗甚快意。然體性浮薄。無中和之氣。亦非湯友。

擇果

茶有眞香。有眞味。有正色。烹點之際。不宜以珍果香草奪之。奪其香者。松子、柑橙、木香、梅花、茉莉、薔薇、木

樨之類是也。奪其味者。番桃、楊梅之類是也。凡飲佳茶去果方覺淸絕。雜之則無辨矣。若必曰所宜核桃、

榛子、杏仁、欖仁、菱米、粟子、雞豆、銀杏、新筍、蓮肉之類精製或可用也。

茶効

人飲眞茶。能止渴消食除痰少睡。利水道。明目益思除煩去膩。人固不可一日無茶。然或有忌而不飲每

食已輒以濃茶嗽口煩膩既去而脾胃自淸凡肉之在齒間者得茶滌之乃盡消縮不覺脫去不煩剌挑

也。而齒性便苦緣此漸堅密蠹毒自去矣。然率用中下茶。

人品

茶之爲飲最宜精形修德之人兼以白石淸泉。烹煮如法。不時廢而或與能熟習而深味。神融心醉覺與

醍醐甘露抗衡斯善賞鑒者矣。使佳茗而飲非其人猶汲泉以灌蒿萊罪莫大焉。有其人而未識其趣。一

吸而盡。不暇辨味俗莫甚焉司馬溫公與蘇子瞻嗜茶墨公云茶與墨正相反茶欲白墨欲黑茶欲重墨

欲輕茶欲新墨欲陳蘇曰奇茶妙墨俱香公以爲然唐武塋博學有著述才性惡茶因以詆之其略曰釋

滯消壅一日之利暫佳瘠氣侵精終身之害斯大獲益則收功茶力貽患則不爲茶災豈非福近易知禍

遠難見。

李德裕奢侈過求在中書不飲京城水悉用惠山泉時謂之水遞淸致可嘉有損盛德。

傳稱陸鴻漸閉門著書誦詩鑿木性甘茗莽淄澠淸風雅趣膾炙古今嗜茶者至陶其形置煬突間。

祀爲茶神可謂崇之極矣嘗考瑿甌志云陸羽采越江茶使小奴子看焙奴失睡茶燋爍不可食羽怒

以鐵索縛奴而投火中殘忍若此其餘不足觀也已矣。

茶具

苦節君。　湘竹風罏。

建城。　箬茶籠。

湘筥焙。　焙茶箱蓋其上以收火氣也隔其中以有容也納火其下去茶尺許所以養茶色香味也。

雲屯。　泉缶。

烏府。　盛炭籃。

水曹。　滌器桶。

鳴泉。　煑茶罐。

品司。　緝竹爲籃收貯各品葉茶。

沈垢。　古茶洗。

分盈。　水杓卽茶經水則每兩升用茶一兩。

執權。　準茶秤每茶一兩用水二升。

合香。　藏日支茶瓶以貯司品者。

歸潔。　竹筅箒用以滌壺。

滿塵。　洗茶匜

醋象。　古石鼎。

遞火。　銅火斗。

降紅。　銅火筋不用聯索。

國風。　湘竹扇。

注春。　茶壺。

靜沸。　竹架爲茶經支腹。

運鋒。　鎋果刀。

甃香。　茶甌。

掩雲。　竹茶匙。

甘鈍。　木碪墩。

納敬。　湘竹茶橐。

易持。　納茶雕漆祕閣。

受污。　拭抹布。

本草綱目

李時珍

釋名

蘇頌曰。郭璞云早采爲茶。晚采爲茗。一曰荈。蜀人謂之苦荼。陸羽云其名有五。一茶、二檟、三蔎、四茗、五荈。

李時珍曰楊慎丹鉛錄云茶即古荼字。音途。詩云誰謂荼苦。其甘如薺是也。顏師古云漢時茶陵。始轉途音。

爲宅如切。或言六經無茶字。未深考耳。

集解

神農食經曰茶茗生益州。及山陵道旁。凌冬不死。三月三日采乾。蘇恭曰茗生山南澤中山谷。爾雅云檟苦荼。郭璞註云樹小如巵子冬生葉可煮作羹飲蘇頌曰今閩浙蜀江湖淮南山中皆有之通謂之茶春

中始生嫩葉蒸焙去苦水末之乃可飲與古所食殊不同也陸羽茶經云茶者南方嘉木自一尺二尺至

數十尺其巴州峽山有兩人合抱者伐而掇之木如瓜蘆葉如巵子花如白薔薇實如栟櫚蕊如丁香根

如胡桃其上者生爛石中生礫壤下者生黃土藝法如種瓜三歲可采陽岸陰林紫者上綠者次筍者上

芽者次葉卷者上舒者次在二月三月四月之間茶之筍者生於爛石之間長四五十若蕨之始抽凌露

采之茶之芽者發於叢薄之上有三枝四枝五枝於枝顛采之采得蒸焙封乾有千類萬狀也略而言之。

如胡人靴者蹙縮然。如犛牛臆者廉沾然。出山者輪囷然。撝水者涵澹然。皆茶之精好者也。如竹籜、如霜

荷皆茶之瘠老者也。其別者有石南芽枸杞芽枇杷葉皆治風疾。又有皂莢芽槐芽柳芽乃上春摘其芽

和茶作之。故今南人輶官茶往往雜以衆藥惟茅蘆竹筍之類不可入之。餘山中草木芽葉皆可和合椿

梯尤奇。貞茶性冷惟雅州蒙山出者溫而祛疾毛文錫茶譜云蒙山有五頂上有茶園曰上清峯

昔有僧人病冷且久遇一老父謂曰蒙之中頂茶當以春分之先後多搆人力俟雷發聲併手采擇三日

而止若獲一兩以本處水煎服即能祛宿疾二兩當眼前無疾三兩能固肌骨四兩即為地仙矣其僧如

說獲一兩餘服之未盡而疾瘳其四頂茶園采摘不廢惟中峯草木繁密雲霧蔽虧鷙獸時出故人跡不

到矣。近歲稍貴此品製作亦精於他處陳承曰近世蔡襄遞閩茶檻備惟建州北苑數次產者性味與諸

方略不同。今亦獨名臘茶上供御用碾治作餅曰曝得火愈良其他者或為芽或謂末收貯若微見火便

硬不可久收。色味俱敗。惟鼎州一種芽茶性略類建茶今汴中及河北京西等處磨為末亦冒蠟茶者

是也。寇宗奭曰苦荼。即今茶也。陸羽有茶經丁謂有北苑茶錄毛文錫有茶譜蔡宗顏有茶對皆甚詳然

古人謂茶為雀舌麥顆言其至嫩也。又有新芽一發便長寸餘其粗如針最為上品。其根幹水土皆有

餘故也。雀舌麥顆又在下品前人未知爾。李時珍曰茶有野生種生者用子其大如指頂而圓黑色

其仁入口初甘後苦。最戟人喉。而閩人以榨油食用。二月下種。一坎須百顆。乃生一株蓋空殼者多故也。

畏水與日最宜坡地蔭處清明前采者上穀雨前者次之此後皆老茗爾采蒸揉焙修造皆有法詳見茶

讀。茶之稅始於唐德宗盛於宋元及於明朝乃與西番互市易焉夫茶一木爾下爲民生日用之資上爲

朝廷賦稅之助其利博哉昔賢所稱大約謂唐人尙茶品衆有雅州之蒙頂石花露芽穀芽爲第一。

建寧之北苑龍鳳團爲上供蜀之茶則有東川之神泉獸目硤州之碧澗明月襲州之眞香卭州之火井。

思安黔陽之都濡嘉定之峨嵋瀘州之納溪玉壘之沙坪楚之茶則有荆州之仙人掌湖南之白露長沙

之鐵色蘄州蘄門之團面壽州霍山之黃芽廬州之六安英山武昌之（茯）山岳州之巴陵辰州之漵浦。

湖南之寶慶茶陵吳越之茶則有湖州顧渚之紫筍臨州方山之生芽洪州之白露雙井之白毛廬山之

雲霧常州之陽羨池州之九華丫山之陽坡袁州之界橋睦州之鳩坑宣州之陽坑金華之舉巖會稽之

日鑄皆產茶有名者其他猶多而猥雜更甚按闕隱居註苦茶云西陽武昌廬江晉陵皆有好茗飮之宜

人凡所飮物有茗及木葉天門冬菝葜葉皆益人餘物並冷利又巴東縣有眞茶火焙作卷結爲飮亦

令人不眠俗中多煑檀葉及大皂李葉作茶飮並冷利南方有瓜蘆木亦似茗也今人采儲㮡山蔘南燭、

烏藥諸葉皆可爲飮以亂茶云。

氣味

葉

苦甘微寒無毒。

陳藏器曰苦寒久食令人瘦去人脂使人不睡飲之宜熱冷則聚痰。

胡洽曰與榧同食令人身重

李廷飛曰大渴及酒後飲茶水入腎經令人腰腳膀胱冷痛兼患水腫攣痺諸疾。大抵飲茶宜熱宜少不飲尤佳空腹最忌之

李時珍曰服威靈仙土茯苓者忌飲茶。

主治

神農食經曰瘻瘡利小便。去痰熱止渴令人少睡。有力悅志。

蘇恭曰下氣消食作飲加茱萸葱薑良。

陳藏器曰破熱氣除瘴氣利大小腸。

王好古曰清頭目治中風昏憒多睡不醒。

陳承曰治傷暑合醋治泄痢甚效。

吳瑞曰炒煎飲治熱毒赤白痢同芎藭葱白煎飲止頭痛。

李時珍曰濃煎吐風熱痰涎。

發明

王好古曰茗茶氣味苦入手足厥陰經治陰證湯藥內入此去格拒之寒及治伏陽大意相似經云苦以泄之其體下行所以能清頭目機曰頭目不清熱上也以苦泄其熱則上清矣且茶體清浮采摘之時芽蘖初萌正得春升之氣味雖苦而氣則薄乃陰中之陽可升可降利頭目蓋本諸此汪穎曰一人好燒鵝炙煿日常不缺人咸防其生癰疽後卒不病訪知其人每夜必啜涼茶一椀乃知茶能解炙煿之毒也楊士瀛曰蠶茶治痢甚助陽茶助陰並能消暑解酒食毒且一寒一熱調平陰陽不問亦白冷熱用之皆良生蔥細切與真茶等分新水濃煎服之蘇東坡以此治文潞公有效李時珍曰茶苦而寒陰中之陰沈也降也最能降火火為百病火降則上清矣然火有五火有虛實若少壯胃健之人心肺脾胃之火多盛故與茶相宜溫飲則火因寒氣而下降熱飲則茶借火氣而升散又兼解酒食之毒使人神思閜爽不昏不睡此茶之功也若虛寒及血弱之人飲之既久則脾胃惡寒元氣暗損土不制水精血虛成痰飲成痞脹成痿痺成黃瘦成嘔逆成洞瀉成腹痛成痞瘕種種內傷此茶之害也民生日用蹈其弊者往往皆是而婦嫗受害更多習俗移人自不覺耳況茶既少雜茶更多其為患也又可勝言哉人有嗜茶成癖者時時咀啜不止久而傷營傷精血不華色黃瘁痿弱抱病不悔尤可嘆惋晉干寶搜神記載武官周時病後啜茗一斛二升乃止纔減升合便為不足有客令更進五升忽吐一物狀如牛脾而有口澆之以

茗盡一斛二升。再澆五升即溢出矣。人遂謂之斛茗瘕嗜茶者觀此可以戒矣。陶隱居雜錄言丹丘子黃

山君服茶輕身換骨壺公食忌言苦茶久食羽化者省方士謬言誤世者也按唐補闕毋炅茶序云釋滯

消擁一日之利暫佳瘠氣侵精終身之累斯大獲益則功歸茶力貽患則不謂茶災豈非福近易知禍遠

難見乎又宋學士蘇軾茶說云除煩去膩世故不可無茶然暗中損人不少空心飲茶入鹽直入腎經且

冷脾胃乃引賊入室也惟飲食後濃茶漱口既去煩膩而脾胃不知且苦能堅齒消蠹深得飲茶之妙古

人呼茗為酪奴亦賤之也時珍早年氣盛每飲新茗必至數椀輕汗發而肌骨清顏覺痛快中年胃氣稍

損飲之即覺為害不痞悶嘔惡即腹冷洞泄故備述諸說以警同好焉又濃茶能令人吐乃酸苦涌泄為

陰之義非其性能升也。

附方

氣虛頭痛用上春茶末調成膏置瓦盞內覆轉以巴豆四十粒作二次燒煙熏之曬乾乳細每服一字別

入好茶末食後煎服立效。醫方
大成

熱毒下痢孟詵曰赤白下痢以好茶一斤炙擣末濃煎一二盞服久患痢者亦宜服之直指用蠟茶赤痢

以密水煎服白痢以連皮自然薑汁同水煎服二三服即愈經驗良方用蠟茶二錢湯點七分入麻油一

蜆殼和服須臾腹痛大下即止一少年用之有效一方蠟茶末以白梅肉和九赤痢甘草湯下白痢烏梅

湯下各百九。一方。建茶合醋煎服卽止大便下血榮衞氣虛或受風邪或食生冷或啖炙煿或飲食過度。

積熱腸間使脾胃受傷糟粕不聚大便下利清血臍腹作痛裏急後重及酒毒一切下血並皆治之用細茶半斤碾末用百藥煎五箇燒存性每服二錢米飲下日二服。普濟方

產後祕塞以葱涎調蠟茶末九百九茶服自通不可用大黃利藥利者百無一生。郭稽中婦人方

久年心痛十年五年者煎湖茶以頭醋和勻服之良。兵部手集

腰痛難轉煎茶五合投醋二合頓服。孟詵食療

嗜茶成癖一人病此一方士令以新鞋盛茶令滿任意食盡再盛一鞋如此三度自不喫也男用女鞋女用男鞋之果愈也。集簡方

解諸中毒芽茶白礬等分碾末冷水調下。簡便方

痘瘡作癢房中宜燒茶煙恆薰之。

陰囊生瘡用蠟面茶爲末先以甘草湯洗後貼之妙。經驗方

腳椏濕爛茶葉嚼爛傅之有效。攝生方

蠷螋尿瘡初如糝粟漸大如荳更大如火烙漿皰疼痛至甚者速以草茶幷蠟茶俱可以生油調傅藥至痛乃止。勝金方

風痰顛疾茶芽巵子各一兩煎濃汁一椀服良久探吐。摘元方

霍亂煩悶茶末一錢煎水調乾薑末一錢服之即安。聖濟總錄

月水不通茶清一瓶入沙糖少許露一夜服雖三個月胎亦通不可輕視。

痰喘咳嗽不能睡臥好末茶一兩白僵蠶一兩爲末放盌內蓋定傾沸湯一小盞臨臥再添湯點服。朱氏集驗方　包

氣味

苦寒有毒。

主治

李時珍曰喘急咳嗽去痰垢擣仁洗衣。除油膩。

附方

上氣喘急時有咳嗽茶子百合等分爲末密丸梧子大每服七丸新汲水下。聖惠方

喘嗽劅齡不拘大人小兒用糯米泔少許磨茶子滴入鼻中令吸入口服之口咬竹筒少頃涎出如線不

過二三次絕根屢驗。良方

頭腦鳴響狀如虫蛀名大白蟻以茶子爲末吹入鼻中取效。楊拱醫方摘要

煮泉小品

田藝蘅

序

仁和趙觀撰

田子藝抱軼轢江山之氣吐吞葩藻之才夙脈塵囂歷覽名勝竊慕司馬子長之為人竊掞遐討固嘗飲泉覺爽啜茶忘喧謂非審梁執綺可語爰著煮泉小品與潄流枕石者商焉頃於子議所出以示予考據該洽評品允當實泉茗之信史也命予弦燭以竢皇公之鑒水竟陵子之品茶尤有億者泊丁公言茶圖顯論探造而未備蔡君謨茶錄詳於烹試而弗精劉伯芻李秀卿論水之宜茶者則又互有同異閒徐伯臣氏作水品茶復略矣粵若子藝所品蓋篋昔人之所長得川原之雋味其器宏以深其思沖以淡其才清以越具可想也殆與泉茗相渾化者矣不足以洗塵囂而謝舊綺乎重遠嘉懇勉綴首簡卽席獦獗愧不工耳

引

小小洞天居士

昔我田隱翁嘗自委曰泉石膏肓噫夫以膏肓之病固神醫之所不治者也而在於泉石則其病亦甚奇矣余少患此病心已忘之而人皆咎余之不治然徧檢方書苦無對病之藥偶居山中遇淡若叟向余曰此病固無恙也子欲治之卽當煮清泉白石加以苦茗服之久久雖辟穀可也又何患於膏肓之病邪余

敬頓首受之遂依法調飲。自覺其效日著因廣其意條輯成編以付司鼎山童俾遇有同病之客來便以

此薦之若有如煎金玉湯者來愧弗出之以取彼之鄙笑時嘉靖甲寅秋孟中元日也。

品目

一源泉　　二石流　　三清寒　　四甘香　　五宜茶

六靈水　　七異泉　　八江水　　九井水　　十緒談

煮泉小品

源泉

　　　　　　　　　　　　　　　明　武林子藝田藝衡撰

積陰之氣爲水水本曰源。源曰泉水本作涨象衆水並流中有微陽之氣也省作水。源本作原亦作厵從

泉出厂下厂石岩之可居者省作原今作源泉本作灥象水流出成川形也。知三字之義而泉之品思過

半矣。

山下出泉曰蒙蒙稚也物稚則天全水稚則味全故鴻漸曰山水上其曰乳泉石池慢流者蒙之謂也。其

曰瀑湧湍激者則非蒙矣。故戒人勿食。

混混不舍者有神以主之故天神引出萬物而漢書三神山嶽其一也。

源泉必重而泉之佳者尤重餘杭徐隱翁嘗爲余言以鳳凰山泉較阿姥墩百花泉便不及五錢可見仙

源之勝矣。

山厚者泉厚山奇者泉奇山清者泉清山幽者泉幽皆佳品也不厚則薄不奇則蠢不清則濁不幽則喧

必無佳泉。

山不亭處水必不亭若亭卽無源者矣旱必易涸。

石流

石山骨也流水行也山宣氣以產萬物氣宣則脈長故曰山水上博物志石者金之根甲石流精以生水。

又曰山泉者引地氣也

泉非石出者必不佳故楚詞云飲石泉兮蔭松柏皇甫曾送陸羽詩幽期山寺遠野飯石泉清梅堯臣碧

霱崃茗詩烹處石泉嘉又云小石冷泉留早味誠可謂賞鑒矣咸感也山無澤則必崩澤感而山不應則

將怒而爲洪

泉往往有伏流沙土中者挹之不竭卽可食不然則滲瀦之潦耳雖清勿食流遠則味淡須深潭渟畜以

復其味乃可食。

泉不流者食之有害博物志山居之民多癭腫疾由於飲泉之不流者。

泉湧出曰濆在在所稱珍珠泉者皆氣盛而脈湧耳切不可食取以釀酒或有力。

泉有或湧而忽涸者氣之鬼神也。如劉禹錫詩沸井今無湧是也。否則徒泉喝水果有幻術邪。

泉縣出曰沃暴溜曰瀑皆不可食。而廬山水簾洪州天台瀑布皆入水品與陸經背矣。故張曲江廬山瀑

布詩吾聞山下蒙今乃林巒表物性有詭激坤元曷紛矯默然置此去變化誰能了。則識者固不食也然

瀑布寶山居之珠箔錦幙也以供耳目誰曰不宜。

清寒

清朗也靜也澄水之貌寒冽也凍也覆冰之貌泉不難於清。而難於寒其瀨峻流駛而清岩與陰積而寒

者亦非佳品。

石少土多沙膩泥凝者必不清寒。

蒙之象曰果行井之象曰寒泉。不果則氣滯而光不澄不寒則性燥而味必嗇。

冰堅水也窮谷陰氣所聚。不洩則結而為伏陰也。在地英明者惟水則冰則精而且冷是固清寒之極也。

謝康樂詩鑿冰黃朝殆拾遺記蓬萊山冰水飲者千歲。

下有石硫黃者發為溫泉在在有之又有共出一竅半溫半冷者。亦在在有之皆非食品特新安黃山朱

砂湯泉可食圖經云黃山舊名黟山東峰下有朱砂湯泉可點茗春色微紅此則自然之丹液也拾遺記。

蓬萊山沸水飲者千歲此又仙飲。

有黃金處水必清。有明珠處水必媚。有子䰧處水必腥臭。有蛟龍處水必洞黑。嫩惡不可不辨也。

甘香

甘美也。香芳也。尙書稼穡作甘黍甘爲香。黍惟甘香。故能養人。泉惟甘香。故亦能養人。然甘易而香難。未

有香而不甘者也。

味美者曰甘泉氣芳者曰香泉所在間有之。

泉上有惡木則葉滋根潤皆能損其甘香甚者能釀毒液尤宜去之。

甜水以甘稱也拾遺記員嶠山北甜水遶之味甜如蜜十洲記元洲玄澗水如蜜漿飮之與天地相畢。又

曰生洲之水味如飴酪。

水中有丹者。不惟其味異常。而能延年御疾。名山大川諸仙翁修煉之所有之葛玄少時爲臨沅令。此

縣廖氏家世壽疑其井水殊赤乃試掘井左右得古人埋丹砂數十斛西湖葛井乃稚川煉所在馬家園

後淘井出石匣中有丹數枚如芡實啖之無味棄之有施漁翁者拾一粒食之壽一百六歲此丹水尤不

易得凡不淨之器切不可汲。

宜茶

茶南方嘉木日用之不可少者品固有徵惡若不得其水且煑之不得其宜雖佳弗佳也。

茶如佳人。此論雖妙。但恐不宜山林間耳昔蘇子瞻詩。從來佳茗似佳人。曾茶山詩。移人尤物衆談誇是

也若欲稱之山林當如毛女麻姑。自然仙風道骨。不浼烟霞可也。必若桃臉柳腰宜顰屏之銷金帳中無

俗我泉石。

鴻漸有云烹茶於所產處無不佳。蓋水土之宜也。此誠妙論況旋摘旋瀹兩及其新邪故茶譜亦云蒙之

中頂茶若獲一兩以本處水煎服。即能祛宿疾是也。今武林諸泉惟龍泓入品而茶亦惟龍泓山為最蓋

茲山深厚高大佳麗秀越爲兩山之主故其泉清寒甘香雅宜茶飲虞伯生詩但見瓢中清翠影落落嘗

烹煎黃金芽不取穀雨後姚公綬詩品嘗顧渚風斯下零落茶經奈爾何則風味可知矣又況爲葛仙翁

煉丹之所哉而其上爲老龍寒碧倍之其地產茶爲南北山絕品鴻漸第錢唐天竺靈隱者爲下品當

未識此耳而郡志亦只稱寶雲香林白雲諸茶皆未若龍泓之清馥雋永也。余嘗一一試之求其茶泉雙

絕兩浙罕伍云。

龍泓今稱龍井因其深也。郡志稱有龍居之非也。蓋武林之山皆發源天目以龍飛鳳舞之讖故西湖之

山多以龍名非眞有龍居之也。有龍則泉不可食矣泓上之閟亟宜去之浣花諸池尤所當浚。

鴻漸品茶又云杭州下。而臨安於潛生於天目山與舒州同固次品也。葉清臣則云茂錢唐者以徑山稱。

今天目遠勝徑山而泉亦天淵也。洞霄次徑山。

嚴子瀨一名七里灘。蓋砂石上曰瀨曰灘也。總謂之漸江。但潮汐不及而且深澄。故入陸品耳。余嘗清秋

泊釣臺下。取囊中武夷金華二茶試之。固一水也。武夷則黃而燥冽。金華則碧而清香。乃知擇水當擇茶

也。鴻漸以婺州爲次。而清臣以白乳爲武夷之右。今優劣頓反矣。意者所謂離其處。水功其半者耶。

茶自浙以北者皆較勝。惟閩廣以南。不惟水不可輕飲。而茶亦當愼之。昔鴻漸未詳嶺南諸茶。仍云往往

得之。其味極佳。余見其地多瘴癘之氣。染着草木。北人食之。多致成疾。故謂人當愼之。要須採摘得宜待

其日出山霧露收嵐淨可也。

茶之團者片者。皆出於碾磑之末。既損眞味。復加油垢。卽非佳品。總不若今之芽茶也。蓋天然者自勝耳。

曾茶山日鑄茶詩寶鎊自不乏。山芽安可無。蘇子瞻壑源試焙新茶詩要知玉雪心腸好。不是膏油首面

新是也。且末茶淪之有屑滯而不爽。知味者當自辨之。

芽茶以火作爲次。生曬者爲上。亦更近自然。且斷烟火氣耳。況作人手器不潔。火候失宜。皆能損其香色

也。生曬茶淪之甌中。則旗槍舒暢。清翠鮮明。尤爲可愛。

唐人煎茶。多用薑鹽。故鴻漸云。初沸水合量調之以鹽味。薛能詩鹽損添常戒。薑宜着更誇。蘇子瞻以爲

茶之中等。用薑煎信佳。鹽則不可。余則以爲二物皆水厄也。若山居飲水少下二物。以減嵐氣或可耳。而

有茶則此固無須也。

心一堂　飲食文化經典文庫

今人薦茶類下茶果。此尤近俗。是縱佳者能損真味。亦宜去之。且下果則必用匙。若金銀大非山居之器。

而銅又生腥皆不可也。若舊稱北人和以酥酪蜀人入以白土此皆蠻飲固不足責。

人有以梅花菊花茉莉花薦茶者雖風韻可賞亦損茶味。如有佳茶亦無事此。

有水有茶不可無火非無火也有所宜也前人云茶須緩火炙活火煎活火謂炭火之有焰者蘇軾詩活

火仍須活水烹是也。余則以為山中不常得炭且死火耳。不若枯松枝為妙若寒月多拾松實蓄為煮茶

之具更雅。

人但知湯嫩而不知火嫩火然則水乾是試火先於試水也呂氏春秋伊尹說湯五味。九沸九變火為之

紀。

湯嫩則茶味不出過沸則水老而茶乏惟有花而無衣乃得點瀹之候耳。

唐人以對花啜茶為殺風景。故王介甫詩金谷千花莫漫煎其意在花非在茶也。余則以為金谷花前信

不宜矣若把一甌對山花啜之。當更助風景又何必羔兒酒也。

煮茶得宜而飲非其人猶汲乳泉以灌蒿蓧罪莫大焉飲之者一吸而盡不暇辨味俗莫甚焉。

　　靈水

靈神也天一生水。而精明不淆故上天自降之澤實靈水也古稱上池之水者非與要之皆仙飲也。

露者陽氣勝而所散也色濃爲甘露凝如脂美如飴一名膏露一名天酒十洲記黃帝寶露洞冥記五色

露皆靈露也莊子曰姑射山神人不食五穀吸風飲露山海經仙丘絳露仙人常飲之博物志沃渚之野

民飲甘露拾遺記含明之國承露而飲神異經西北海外人長二千里日飲天酒五斗楚詞朝飲木蘭之

墜露是露可飲也

雪者天地之積寒也氾勝書雪爲五穀之精拾遺記穆王東至大樔之谷西王母來進嶂州甜雪是靈雪

也陶穀取雪水烹團茶而丁謂煎茶詩痛惜藏書篋堅留待雪天李盧己建茶呈學士詩試將梁苑雪煎

勷建溪春是雪尤宜茶飲也處士列諸末品何邪意者以其味之燥乎若言太冷則不然矣

雨者陰陽之和天地之施水從雲下輔時生養者也和風順雨明雲甘雨拾遺記香雲遍潤則成香雨皆

靈雨也固可食若夫龍所行者暴而霪者旱而凍者腥而墨者及檐溜者皆不可食

文子曰水之道上天爲雨露下地爲江河均一水也故特表靈品

異泉

異奇也水出地中與常不同皆異泉也亦仙飲也

醴泉醴一宿酒也泉味甜如酒也聖王在上德普天地刑賞得宜則醴泉出食之令人壽考

玉泉玉石之精液也山海經密山出丹水中多玉膏其源沸湯黃帝是食十洲記瀛洲玉石高千丈出泉

如酒味甘名玉醴泉食之長生又方丈洲有玉石泉崑崙山有玉水尹子曰凡水方折者有玉。

乳泉石鍾乳山骨之膏髓也其泉色白而體重極甘而香若甘露也。

朱砂泉下產朱砂其色紅其性溫食之延年卻疾。

雲母泉下產雲母明而澤可煉爲營泉滑而甘。

茯苓泉山有古松者多產茯苓神仙傳松脂淪入地中千歲爲茯苓也其泉或赤或白而甘香倍常又茋

泉亦如之非若杞菊之產於泉上者也。

金石之精草木之英不可殫述與瓊漿並美非凡泉比也故爲異品。

江水

江公也衆水共入其中也水共則味雜故鴻漸曰江水中其曰取去人遠者蓋去人遠則澄深而無蕩漾

之漓耳。

泉自谷而溪而江而海力以漸而弱氣以漸而薄味以漸而鹹故曰水曰潤下潤下作鹹旨哉又十洲記。

扶桑碧海水既不鹹苦正作碧色甘香味美此固神仙之所食也。

潮汐近地必無佳泉蓋斥鹵誘之也天下潮汐惟武林最盛故無佳泉西湖山中則有之。

揚子固江也其南泠則夾石淀淵特入首品余嘗試之試與山泉無異若吳淞江則水之最下者也亦復

入品。甚不可解。

井水

井清也泉之清潔者也通也物所通用者也法也節也法制居人令節飲食無窮竭也其清出於陰其通

入於渚其法節由於不得已脈暗而味滯故鴻漸曰井水下其曰井取汲多者蓋汲多則氣通而流活耳。

終非佳品。勿食可也。

市廛民居之井烟爨稠密汙穢滲漏特潰淺耳在郊原者庶幾。

深井多有毒氣葛洪方五月五日以雞毛試投井中毛直下無毒若迴四邊不可食淘法以竹篩下水方

可下浚。

若山居無泉鑿井得水者亦可食。

井味餹色綠者其源通海舊云東風時鑿井則海通脈理或然也。

井有異常者若火井、粉井、雲井、風井、鹽井、膠井不可枚舉而冰井則又純陰之寒冱也皆宜知之。

緒談

凡臨佳泉不可容易漱灌犯者每為山靈所憎。

泉坎須越月淘之革故鼎新妙運當然也。

山水固欲其秀而藂若叢惡草瓊花披拂其上而修竹幽蘭自不可少。

作屋殺泉。不惟殺盡風景。亦且陽氣不入能致陰損戒之戒之若其小者作竹罩以籠之防其不潔之侵。

勝屋多矣。

泉中有蝦蟹子蟲極能腥味亟宜淘淨之僧家以羅濾水而飲雖恐傷生亦取其潔也包幼嗣淨律院詩。

濾水澄新長馬戴禪院詩濾泉侵月起僧簡長詩花壺濾水添是也于鵠過張老園林詩濾水夜澆花則

不惟僧家戒律為然而修道者亦所當爾也。

泉稍遠而欲其自入於山廚可接竹引之承之以奇石貯之以淨缸其聲尤琤琮可愛駱賓王詩刳木取

泉遙亦接竹之意。

去泉再遠者不能自汲須遣誠實山童取之以免石頭城下之偽蘇子瞻愛玉女河水付僧調水符取之。

亦惜其不得枕流焉耳故僧茶山謝送惠山泉詩舊時水遞費經營。

移水而以石洗之亦可以去其搖盪之濁滓若其味則愈揚愈減矣。

移水取石子罾甁中雖養其味亦可澄水令之不涌黃魯直惠山泉詩錫谷寒泉橢石俱是也。

擇水中潔淨白石帶泉煮之尤妙尤妙。

汲泉道遠必失原味唐子西云茶不問團銙要之貴新水不問江井要之貴活又云提甁走龍塘無數千

步。此水宜茶不減清遠峽。而海道趨建安不數日可至。故新茶不過三月至矣。今據所稱已非嘉賞蓋建

安皆磑礸茶且必三月而始得。不若今之芽茶於清明穀雨之前陟采而降焉也數千步取塘水較之石

泉新汲左杓右鐺又何如哉余嘗謂二難具享誠山居之福也。

山居之人固常惜水況佳泉更不易得尤常惜之。亦作事也章孝標松泉詩注瓶雲母滑漱齒茯苓香。

野客偸煎茗山僧惜淨牀夫言偸則誠貴矣言惜則不賤用矣安得斯客斯僧也而與之爲鄰耶

山居有泉數處若冷泉午月泉一勺泉皆可入品其視虎丘石水殆主僕矣惜未爲名流所賞也泉亦有

幸有不幸邪要之隱於小山僻野故不彰耳竟陵子可作便當羹一盃水相與蔭青松坐白石而仰視浮

雲之飛也。

後跋

子藝作泉品天下之泉也予問之曰。盡乎子藝曰未也夫泉之名。有甘有醴有冷有溫有廉有讓有君

子爲皆榮也在廣有貪在柳有惠在狂國有狂在安豐軍有咄在日南有淫雖孔子亦不飲者有盜皆辱

也予聞之曰有是哉亦存乎其人爾天下之泉一也惟和士飲之則爲甘祥士飲之則爲醴淸士飲之則

爲冷厚士飲之則爲溫飲之於伯夷則爲廉飲之於虞舜則爲讓飲之於孔門諸賢則爲君子使泉雖惡。

亦不得而汙之也惡乎辱泉遇伯封可名爲貪遇宋人可名爲愚遇謝奕可名爲狂遇楚頂羽可名爲咄。

遇鄰衛之俗可名爲淫其遇蹠也又不得不名爲盜使泉雖美亦不得而自瀆也惡乎榮子藝曰噫予品
泉矣子將兼品其人乎予山中泉數種，請附其語於集且以貽同志者毋混飮以辱吾泉餘杭蔣灼題。

遵生八牋　茶

高濂

論茶品

茶之產於天下多矣。若劍南有蒙頂石花。湖州有顧渚紫筍。峽州有碧澗明月。邛州有火井思安渠江有
薄片巴東有眞香。福州有伯巖洪州有白露常之陽羨婺之舉巖丫山之陽坡龍安之騎火黔陽之都濡
高株瀘川之納溪梅嶺之數者。其名皆著品第之。則石花最上紫筍次之。又次則碧澗明月之類是也惜
皆不可致耳。若近時虎丘山茶亦可稱奇惜不多得若天池茶在穀雨前收細芽炒得法者青翠芳馨嗅
亦消渴。若眞峤茶其價甚重兩倍天池惜乎難得須用自己令人採收方妙又如浙之六合茶品亦精但
不善炒不能發香而味苦茶之本性實佳如杭之龍泓（即虎也非龍也）茶眞者天池不能及也山中僅有一二家炒
法甚精近有山僧焙者亦妙但出龍井者方妙而龍井之山不過十數畝此外有茶似皆不及附近假充
猶之可也至於北山西溪俱充龍井。即杭人識龍井茶味者亦少以亂眞多耳意者天開龍井美泉山靈
特生佳茗以副之耳不得其遠者當以天池龍井爲最此外天竺靈隱爲龍井之次臨安於潛生於天目

古今茶事

139

山者與舒州同亦次品也。茶自浙以北皆較勝。惟閩廣以南。不惟水不可輕飲。而茶亦宜慎昔鴻漸未詳

嶺南諸茶乃云嶺南茶味極佳。孰知嶺南之地。多瘴癘之氣。染著草木。北人食之。多致成疾。故常慎之要

常探時。待其日出山霽霧障山嵐收淨探之可也。茶團茶片皆出磧碨。大失眞味。茶以日曬者佳。其靑翠

香潔。更勝火炒多矣。

採茶

團黃有一旗一槍之號。言一葉一芽也。凡早取爲茶。晚取爲荈。穀雨前後收者爲佳。粗細皆可用。惟在探

摘之時。天色晴明。炒焙適中。盛貯如法。

藏茶

茶宜蒻葉而畏香藥。喜溫燥而忌冷濕。故收藏之家。以蒻葉封裹。入焙中。兩三日一次。用火當如人體溫。

溫則去濕潤。若火多則茶焦不可食矣。又云以中壜盛茶。十斤一瓶。每年燒稻草灰入大桶。茶瓶座桶中。

以灰四面填桶。瓶上覆灰築實。每用撥灰開瓶取茶些少。仍復覆灰。再無蒸壞。次年換灰爲之。

又云空樓中懸架。將茶瓶口朝下放。不蒸。原蒸自天而下。故宜倒放。若上二種芽茶。除以清泉烹外。花香

雜果俱不容入。人有好以花拌茶者。此用平等細茶拌之。庶茶味不減。花香盈頗。終不脫俗。如橙茶蓮花

茶於日未出時。將半含蓮花撥開。放細茶一撮納滿蘂中。以麻皮略繫令其經宿。次早摘花傾出茶葉用

建紙包茶焙乾。再如前法又將茶葉入別藥中。如此者數次取其焙乾收用不勝香美。

木樨茉莉玫瑰薔薇蘭蕙橘花梔子木香梅花皆可作茶諸花開時。摘其半含半放藥之香氣全者量其

茶葉多少摘花爲拌花多則太香。而脫茶韻花少則不香而不盡美三停茶葉一停花始稱假如木樨花。

須去其枝蔕及塵垢蟲蟻用磁罐一層花一層茶投間至滿紙箬繫固入鍋重湯煑之取出待冷用紙封

裹置火上焙乾收用諸花倣此。

煎茶四要

一　擇水

凡水泉不甘能損茶味。故古人擇水最爲切要山水上江水次井水下山水乳泉漫流者爲上瀑湧湍激

勿食食久令人有頸疾江水取去人遠者井水取汲多者如蟹黃混濁鹹苦者皆勿用若杭湖心水吳山

第一泉。郭璞井虎跑泉龍井葛仙翁井俱佳。

二　洗茶

凡烹茶先以熱湯洗茶葉去其塵垢冷氣烹之則美。

三　候湯

凡茶須緩火炙活火煎。活火謂炭火之有焰者當使湯無妄沸庶可養茶始則魚目散布微微有聲中則

四邊泉湧纍纍連珠。終則騰波鼓浪。水氣全消謂之老湯三沸之法非活火不能成也。最忌柴葉煙熏煎

茶爲此清異錄云五賊六魔湯也。

凡茶少湯多則雲脚散湯少茶多則乳面聚。

四　擇品

凡瓶要小者易候湯又點茶注湯相應若瓶大啜存久味過則不佳矣茶銚茶瓶磁砂爲上銅錫次之。

磁壺注茶砂銚煮水爲上清異錄云富貴湯當以銀銚煮湯佳甚銅銚煮水錫壺注茶次之。

茶盞惟宣窯壇盞爲最質厚白瑩樣式古雅有等宣窯印花白甌式樣得中而瑩然如玉次則喜窯心內

茶字小琖爲美欲試茶色黃白豈容青花亂之。注酒亦然惟純白色器皿爲最上乘品餘皆不及。

試茶三要

一　滌器

茶瓶茶盞茶匙生鉎〔音星〕致損茶味。必須先時洗潔則美。

二　熁盞

凡點茶先須熁盞令熱則茶面聚乳冷則茶色不浮。

三　擇果

草有真香。有佳味。有正色。烹點之際。不宜以珍果香草雜之。奪其香者。松子柑橙蓮心、木瓜、梅花、茉莉、薔薇、木樨之類也。奪其味者牛乳番桃荔枝圓眼枇杷之類是也。奪其色者柿餅膠棗火桃楊梅橙橘之類是也凡飲佳茶去果方覺清絕雜之則無辨矣若欲用之所宜核桃榛子瓜仁杏仁欖仁粟子雞頭銀杏之類或可用也。

茶效

人飲真茶能止渴消食。除痰少睡利水道明目益思。<small>出本草拾遺</small> 除煩去膩。人固不可一日無茶。然或有忌而不飲每食已輒以濃茶漱口煩膩既去而脾胃不損凡肉之在齒間者得茶漱滌之乃盡消縮不覺脫去。不煩刺挑也。而齒性便苦緣此漸堅密蠹毒自已矣然率用中茶之也。

茶具十六器收貯於器局供役苦節君者故立名管之蓋欲歸統於一以其素有貞心雅操而自能收

商象。古石鼎也。用以煎茶。

歸潔。竹筅帚也。用以滌壺。

分盈。杓也。用以量水斤兩。

遞火。銅火斗也。用以搬火。

降紅。　銅火筯也用以簇火。

執權。　準茶秤也每杓水二斤用茶一兩。

團風。　素竹扇也用以發火。

漉塵。　茶洗也用以洗茶。

靜沸。　竹架卽茶經支腹也。

注春。　磁瓦壺也用以注茶。

運鋒。　劚果刀也用以切果。

甘鈍。　木碪墩也。

啜香。　磁瓦甌也用以啜茶。

掩雲。　竹茶匙也用以取果。

納敬。　竹茶橐也用以放盞。

受汙。　拭抹布也用以潔甌。

　　　　總貯茶器七具

苦節君。　煑茶竹爐也用以煎茶。

建城。　以篛為籠封茶以貯高閣。

雲屯。　磁瓶用以杓泉以供裹也。

烏府。　以竹為籃用以盛炭為煎茶之資。

水曹。　即磁缸瓦缶用以貯泉以供火鼎。

器局。　竹編為方箱用以收茶具者。

外有品司。　竹編圓橦提合用以收貯各品茶葉以待烹品者也。

論泉水

田子藝曰山下出泉為蒙稺也，物稺則天全水稺則味全。故鴻漸曰山水上。其曰乳泉石池慢流者蒙之謂也。其曰瀑湧湍激者則非蒙矣宜戒人勿食。

混混不舍皆有神以主之。故天神引出萬物。而漢書三神山嶽其一也。

源泉必重而泉之佳者尤重。餘杭徐隱翁嘗為余言以鳳凰山泉較阿姥墩百花泉便不及五泉。可見仙源之勝矣。

山厚者泉厚山奇者泉奇山清者泉清山幽者泉幽皆佳品也。不厚則薄。不奇則蠢。不清則濁。不幽則喧。必無佳泉。

山不停處。水必不停若停卽無源者矣旱必易涸。

石流

石山骨也流水行也山宣氣以產萬物氣宣則脈長故曰山水上博物志曰石者金之根甲石流精以生

水又曰山泉者引地氣也。

泉非石出者必不佳故楚詞云飲石泉兮蔭松柏皇甫曾送陸羽詩幽期山寺遠野汲石泉清梅堯臣碧

霄峯茗詩烹處石泉嘉又云小石冷泉留早味誠可爲賞鑑者矣

泉往往有伏流沙土中者挹之不竭卽可食不然則滲瀦之潦耳雖清勿食。

流遠則味淡須深潭停畜以復其味乃可食。

泉不流者食之有害博物志曰山居之民多癭腫疾由於飲泉之不流者。

泉湧出曰濆在所稱珍珠泉者皆氣盛而脈湧耳切不可食取以釀酒或有力。

泉縣出曰沃暴溜曰瀑皆不可食而廬山水簾洪州天台瀑布皆入水品與陸經背矣故張曲江廬山瀑

布詩吾聞山下蒙今乃林棲表物性有詭激坤元曷紛矯默然置此去變化誰能了則識者固不食也然

瀑布實山居之珠箔錦幕也以供耳目誰曰不宜。

湍濑

清朗也靜也澂水之貌也寒冽也凍也覆水之貌也泉不難於清而難於寒其瀨峻流駛而清岩奧陰積而寒

者亦非佳品

石少土多沙膩泥凝者必不清寒

蒙之象曰果行井之象曰寒泉不果則氣滯而光不澄寒則性燥而味必嗇

冰堅水也窮谷陰氣所聚不洩則結而爲伏陰也在地英明者惟水而冰則精而且冷是固清寒之極也

謝康樂詩鑿冰蔡朝飡拾遺記蓬萊山冰水飲者千歲

蓬萊山沸水飲者千歲此又仙飲

下有石硫黃者發爲溫泉在在有之又有共出一竇半溫半冷者亦在在有之皆非食品特新安黃山朱

砂湯泉可食圖經云黃山舊名黟山東峯下有朱砂湯泉可點茗春色微紅此則自然之丹液也拾遺記

有黃金處水必清有明珠處水必媚有孑鮒處水必腥腐有蛟龍處水必洞黑嫩惡不可不辨也

甘香

甘美也香芳也尚書稼穡作甘黍甘爲香黍惟甘香故能養人泉惟甘香故亦能養人然甘易而香難未

有香而不甘者也

味善者曰甘泉氣芳者曰香泉所在間有之泉上有惡水則葉滋根潤皆能損其甘香甚者能釀毒液尤

宜去之。

甜水以甘稱也。拾遺記員嶠山北甜水遶之味甜如蜜。十洲記元洲元澗水如蜜漿飲之與天地相畢。又

曰生洲之水味如飴酪。

水中有丹者。不唯其味異常。而能延年却疾。須名山大川諸仙翁修煉之所有之。葛元少時爲臨沅令此

縣廖氏家世壽疑其井水殊赤乃試掘非左右得古人埋丹砂數十斛。西湖葛井乃稚川煉丹所在馬家

園後淘井出石甕中有丹數枚。如芡實啖之無味棄之有施漁翁者拾一粒食之壽一百六歲此丹水尤

不易得凡不淨之器切不可汲。

靈水

烹茶得宜而飲非其人猶汲乳泉以灌蒿萊罪莫大焉飲之者一吸而盡不暇辨味俗莫甚焉。

靈神也天一生水。而精明不滑。故上天自降之澤實靈水也古稱上池之水者非歟要之皆仙飲也。

大甕收藏黃梅雨水雪水下放鵞子石十數塊經年不壞用栗炭三四寸許燒紅投淬水中不生跳虫。

靈者陽氣勝而所散也色濃爲甘露凝如脂美如飴一名膏露一名天酒是也。

雪者天地之積寒也氾勝書雪爲五穀之精拾遺記穆王東至大軟之谷西王母來進嶂州甜雪是靈雪

也陶穀取雪水烹團茶而丁謂煎茶詩痛惜藏書篋堅留待雪天李虛己建茶呈學士詩試將梁苑雪煎

勤建溪春是雪尤宜茶飲也。處士列諸末品何耶。意者以其味之燥乎若言太冷則不然矣。

雨者陰陽之和。天地之施。水從雲下輔時生養者也。和風順雨明雲甘雨拾遺記香雲遍潤則成香雨皆

靈雨也。固可食若夫龍所行者暴而露者旱而凍者腥而墨者及簷溜者皆不可食。潮汐近地必無佳泉。

蓋斥鹵誘之也。天下潮汐惟武林最盛故無佳泉。西湖山中則有之。揚子闽江也其南泠則夾石渟淵特

入首品余嘗試之誠與山東無異。若吳淞江則水之最下者也。亦復入品甚不可解。

井水

井清也泉之清潔者也。通也物所通用者也。法也節也制居人令節飲食無窮竭也。其清出於陰。其通

入於滑其法節由於得已脈暗而味濁。故鴻漸曰。井水下。其曰。井取汲多者蓋汲多則氣通而流活耳。終

非佳品養水取白石子入甕中雖養其味。亦可澄水不淆。

高子曰非水美者天下知鍾冷泉矣。然而焦山一泉。余會味過數四。不減鍾冷。惠山之水味淡而清尤為

上品吾杭之水山泉以虎跑為最老龍井眞珠寺二泉亦甘北山葛仙翁井水食之味厚城中之水以吳

山第一泉首稱予品不及施公井郭婆井二水清冽可茶若湖南近二橋中水清晨取之烹茶妙甚無伺

他求。

陽羨茗壺系洞山岕茶系

周高起

茗壺岕茶系序

吾鄉尚宜與岕茶尤尚宜與瓷壺陳貞慧秋園雜佩言之而不詳嘗檢宜興志考其緣始所載岕茶甚略而論瓷壺則多引江陰周高起陽羨茗壺系及檢江陰新志周高起傳僅言其有讀書志而未及其他甲申在羊城書肆獲茗壺系鈔本一册今年春汪君芙生寄示粵刻叢書中有茗壺系後附洞山岕茶系一卷亦高起所撰惟粵板及前得鈔本均多訛舛無別本可校宜與志尚有吳為陽羨名陶錄序云多漏略復加增潤釐為二卷曰名陶錄今名陶錄亦不可得而江陰明人著述甚稀此二系亦譜錄中之雋逸者足資考證姑就所知並宜與志所引茗壺系稍事訂正因合岕茶系彙梓叢書中其讀書志蓋無可訪求矣高起弟榮起亦明諸生究心六書汲古閣刊板多其手校榮起女淑祜淑禧均工詩善畫尤為時所稱並附識之光緒十四年夏六月金武祥序於梧州。

江陰縣志忠義傳

周高起字伯高博聞強識工古文辭早歲僑於庠與徐邊湯同修縣志居由里山遊兵突至被執索貲怒罵不屈死著有讀書志。

陽羨茗壺系

明　江陰　周高起　伯高

壺於茶具用處一耳而瑞草名泉性情攸寄實仙子之洞天福地梵王之香海蓮邦審厥尙焉非曰好事

已也故茶至明代不復碾屑和香藥製團餅此已遠過古人近百年中壺黜銀錫及閩豫甆而尙宜與陶

又近人遠過前人處也陶曷取諸取諸其製以本山土砂能發眞茶之色香味不但杜工部云傾金注玉

驚人眼高流務以免俗也至名手所作一壺重不數兩價重每一二十金能使土與黃金爭價世日趨華

抑足感矣因考陶工陶土而爲之系

創始

金沙寺僧久而逸其名矣聞之陶家云僧閒靜有致習與陶缸甕者處摶其細土加以澂練捏築爲胎規

而圓之剚使中空踵傅口柄蓋的附陶穴燒成人遂傳用

正始

供春學使吳頤山家青衣也頤山讀書金沙寺中供春於給役之暇竊仿老僧心匠亦淘細土摶胚茶匙

穴中指掠內外指螺文隱起可按胎必累按故腹半尙現節腠視以辨眞今傳世者栗色闇闇如古金鐵

敦龐周正允稱神明垂矣世以其孫龔姓亦書爲龔春所仿。人皆證爲襲。予於吳冏卿家。見時大彬所仿。則劉供春二字。足折某訟云。

董翰號後谿始造菱花式已殫工巧

151

古今茶事

趙梁多提梁式亦有傳爲名良者。

袁錫_{按袁姓據秋園雜佩更正。}

時朋卽大彬父是爲四名家萬曆間人皆供春之後勁也董文巧而三家多古拙。

李茂林行四名養心製小圓式研在樸緻中允爲名玩自此以往壺乃另作瓦囊閉入陶穴故前此名壺。

不免沾缸罈油淚。

大家

時大彬號少山或淘土或雜硇砂土諸款具足諸土色亦具足不務研媚而樸雅堅粟妙不可思初自仿

供春得手喜作大壺後遊婁東聞眉公與琅琊太原諸公品茶施茶之論乃作小壺几案有一具生入閒

遠之思前後諸名家並不能及遂於陶人標大雅之遺擅空羣之目矣。

名家

李仲芳行大茂林子及時大彬門爲高足第一製度漸趨文巧其父督以敦古仲芳嘗手一壺視其父曰。

老兄這個如何俗因呼其所作爲老兄壺後入金壇卒以文巧相競今世所傳大彬壺亦有仲芳作之大

彬見賞而自署款識者時人語曰李大餅是大名。

徐友泉名士衡故非陶人也其父好大彬壺延致家塾一日強大彬作泥牛爲戲不卽從友泉奪其壺土

出門去。適見樹下眠牛將起。尚屈一足。注視揣塑盡厥狀。攜以視大彬。一見驚歎曰。如子智能。豈曰必

出吾上。因學為壺變化其式。仿古尊罍諸器。配合土色所宜。畢智窮工。移人心目。予嘗博攷厥製有漢方、

扁觶、小雲罍提梁、卤蕉葉蓮方菱花鵝蛋分襠索耳美人垂蓮大頂蓮一回角六子諸款泥色有海棠紅、

硃砂紫定窯白冷金黃淡墨沉香水石榴皮葵黃閃色梨皮諸名種種變異妙出心裁然晚年恒自歎曰、

吾之精終不及時之麤。

雅流

歐正春多規花草果物式度精妍。

邵文金仿時大彬漢方獨絕今尚壽。

邵文銀。

蔣伯崇名時英。四人並大彬弟子蔣後客於吳陳眉公為改其字之敿為崇。因附高流諱言本業。然其所

作堅緻不俗也。

陳用卿與時同工而年技俱後負力尚氣嘗拄吏議在縲絏中俗名陳三獃子式尚工緻如蓮子湯婆鉢

孟圓珠諸製不規而圓已極妍飭款仿鍾太傅帖意

陳信卿仿時李諸傳器具有優孟叔敖處故非用卿族品其所作雖　美遜之。而堅瘦工整雅自不羣貌

古今茶事

寢意率，自誇洪飲逐貴游閒不務壹志盡技間多伺弟子造成修削署款而已。所謂心計轉麤不復唱渭

城時也。

閔魯生名賢製仿諸家漸入佳境人顏齷謹見傳器則虛心企擬不憚改。為技也進乎道矣。

陳光甫仿供春時大為入室天奪其能早告一目相視口的不極端綴然經其手摹亦具體而微矣。

神品

陳仲美婺源人。初造瓷於景德鎮以業之者多不足成其名棄之而來。好配壺土意造諸玩。如香盒、花盃、

獜犼爐辟邪鎮紙重鑄疊刻細極鬼工。壺象花果綴以草蟲或龍戲海濤伸爪出目至塑大士像莊嚴慈

憫神采欲生環琭花豎不可思議智纍龍眠道子心思殫竭以夭天年。

沈君用名士良踵仲美之智而研巧悉敵壺式上接歐正春一派。至伺象諸物製為器用不尚正方圓而

筋縫不苟絲髮配土之妙色象天錯金石同堅自幼知名人呼之曰沈多梳。宜興垂壺之稱　巧殫厥心以甲申四

月天。

別派

諸人見汪大心葉諆附記中休寧人。字仲。號古鱉。

邵蓋、周後谿邵二孫並萬歷間人。

陳俊卿亦時大彬弟子。

周季山陳和之陳挺生承雲從沈君盛善仿友泉、君用。並天啓崇禎間人。

沈子澈崇禎時人所製壺古雅渾樸嘗為人製菱花壺銘之曰石根泉蒙頂葉漱齒鮮滌塵熱。按。此係據宜與舊志增入。

陳辰。字共之工鐫壺款。近人多假手焉。亦陶家之中書君也。

鐫壺款識。即時大彬初倩能書者落墨用竹刀畫之。或以印記。後竟運刀成字。書法閒雅。在黃庭樂毅帖間。人不能仿。賞鑒家用以為別。次則李仲芳亦合書法。若李茂林硃書號記而已。仲芳亦時代大彬刻款手法自遜。規仿名壺曰臨比於書畫家入門時。

陶肆謠曰壺家妙手稱三大謂時大彬李仲芳徐大友泉也。為轉一語曰明代良陶讓一時獨尊大彬固自匪佞。

相傳壺土初出時。先有異僧經行村落日呼曰賣富貴。人羣嗤之僧曰貴不要買買富何如因引村叟指山中產土之穴去。及發之果備五色爛若披錦。

嫩泥出趙莊山以和一切色上乃黏腴可築蓋陶壺之丞弼也。

石黃泥出趙莊山即未觸風日之石骨也陶之乃變硃砂色。

天青泥出蠡墅陶之變黯肝色。又其夾支有梨皮泥陶現梨凍色淡紅泥陶現松花色。淺黄泥陶現豆碧

色蜜泥陶現輕赭色梨皮和白沙陶現淡黑色山靈膝絡陶冶變化俏露種種光怪云。

老泥出團山陶則白沙星星按若珠琲以天青石黄和之成淺深古色

白泥出大潮山陶餅盎缸缶用之此山未經發用載目吾鄉白石山 江陰秦望之東北支峯。出土諸山其穴往往善徙。

有素產於此忽又他穴得之者實山靈有以司之然皆深入數十丈乃得。

浩壺之家各穴門外一方地取色土簁搗部署訖弇窖其中名曰養土取用配合各有心法祕不相授壺

成幽之以候極燥乃以陶甊皮五六器封閉不隙如鮮欠裂射油之患過火則老老不美觀欠火則糚釉

沙土氣若窖有變相匪夷所思傾湯貯茶雲霞綺閃直是神之所為億千或一見耳

陶穴環蜀山山原名獨東坡先生乞居陽羨時以似蜀中風景改名此山也祠祀先生於山椒陶煙飛染。

祠宇蓋墨按彌雅釋山云獨者蜀則先生之銳改厥名不徒桑梓殷懷抑亦考古自喜云爾

壺供眞茶正在新泉活火旋淪旋啜以盡色聲香味之蘊故壺宜小不宜大宜淺不宜深壺蓋宜盎不宜

砥湯力茗香俾得團結氤氳宜傾竭即滌去厥滓乃俗夫強作解事謂壺質地堅潔注茶越宿暑月

不釀不知越數刻而茶敗矣安俟越宿哉況眞茶如龍脂朶即宜羮如筍味觸風隨劣悠悠之論俗不可

醫。

壺經用久滌拭日加自發闇然之光入手可鑑此爲書房雅供若膩滓爛班油光燦爛是曰和尚光最爲

賤相每見好事家藏列顏多名製而愛護垢染舒袖摩挲惟恐拭去曰吾以寶其舊色爾不知西子蒙不

潔壜充下陳否即以注眞茶是觀姑射山之神人安置烟瘴地面矣豈不舛哉

壺之土色自供春而下及時大初年皆細土淡墨色上有銀沙閃點迨砶砂和製穀縐周身珠粒隱隱更

自奪目。

或問予以虀論茶是有說乎予曰竹爐幽討松火怒飛蟹眼鯨波乍起耳根圓通爲不遠矣然爐頭

風雨聲銅缾易作不免湯腥砂銚亦嫌土氣惟純錫爲五金之母以製茶銚能益水德沸亦聲清白金尤

妙第菲山林所辦爾。

壺宿雜氣滿貯沸湯傾即沒冷水中亦急出水寫之元氣復矣。

品茶用甌白瓷爲良所謂素瓷傳靜夜芳氣滿開軒也製宜弇口遂腸色浮浮而香味不散。

茶洗式如扁壺中加一盎鬲而細竅其底便過水漉沙茶藏以閉洗過茶者仲美若用各有奇製皆壺史

之從事也水杓湯銚亦有製之盡美者要以椰匏錫器爲用之恆。

洞山岕茶系

明　江陰　周高起　伯高

唐李栖筠守常州日出僧進陽羨茶陸羽品爲芬芳冠世產可供上方遂置茶舍于罨畫谿去湖㳇一里。

所藏供萬兩許有殼詩云陸羽名荒舊茶舍卻教陽羨置郵忙是也其山名茶山亦曰貢山東臨罨畫谿

修貢時山中湧出金沙泉杜牧詩所謂山實東南秀茶稱瑞草魁泉嫩黃金湧芽香紫璧裁者是也山在

均山鄉縣東南三十五里又茗山在縣西南五十里永豐鄉皇甫曾有送陸羽南山采茶詩千峯待逋客

香茗復叢生采摘知深處煙霞羨獨行幽期山寺遠野飯石泉清寂寂燃燈夜相思磬一聲見時貢茶在

茗山矣又唐天寶中稠錫禪師名清晏卓錫南岳磵上泉忽迸石窟間字曰真珠泉師曰宜瀹吾鄉桐廬

茶發有白蛇銜種墮側之異南岳產茶不絕修貢迨今方春采茶清明日縣令躬享白蛇于卓錫泉亭隆

厥典也後來檥取山農苦之故袁高有陰嶺茶未吐使者牒已頻之句郭三益題南岳寺壁云古木陰森

梵帝家寒泉一勺試新官符星火催春焙卻使山僧怨白蛇盧仝茶歌亦云天子須嘗陽羨茶百草不

敢先開花又云安知百萬億蒼生命墜顛崖受辛苦可見貢茶之苦民亦自古然矣至岕茶之俏于高流

雖近數十年中事而厥產伊始則自盧仝隱洞山種于陰嶺途有茗嶺之目相傳古有漢王者栖遲茗

嶺之陽課童藝茶踵盧仝幽致陽山所產香味倍勝茗嶺所以老廟後一帶茶猶唐宋根株也貢山茶今

已絕種羅岕去宜興而南踰八九十里浙直分界只一山岡岡南即長興山兩峯相阻介就夷曠者人呼

為岕履其地始知古人製字有意今字費岕字但注云山名平　云有八十八處前橫大磵水泉清駛漱潤茶根浸山土之肥澤故洞山為

諸岕之最自西氿溯張渚而入取道茗嶺甚險惡　縣西南八十里　自東氿溯湖汊而入取道纑嶺稍夷才通車騎

第一品

老廟後廟祀山之土神者瑞草叢鬱殆比茶星胅聳矣地不二三畝若溪姚象先與婿朱奇生分有之茶皆古本每年產不廿斤色淡黃不綠葉筋淡白而厚製成梗絕少入湯色柔白如玉露味甘芳香藏味中。

空濛深水啜之愈出致在有無之外。

第二品皆洞頂也

新廟後　棋盤頂　紗帽頂　毛巾條　姚八房　及吳江周氏地產茶亦不能多香色白味冷雋與老廟不甚別啜之差覺其薄耳總之品岕至此清如孤竹和如柳下並入聖矣今人以色濃香烈爲岕茶真耳食而眛其似也。

第三品

廟後漲沙　大衰頭　姚洞　羅洞　王洞　范洞　白石

第四品皆平洞本界也

下漲沙　梧桐洞　余桐　石場　丫頭岕　留青岕　黃龍　炭竈　龍池

不入品山外山

長潮　青口　筲莊　顧渚　茅山岕

古今茶事

159

貢茶

即南岳茶也。天子所嘗。不敢品。縣官修貢。期以清明日入山蕆祭。乃始開園采製。視松蘿虎邱而色香

豐美。自是天家清供。名曰片茶。初亦如岕茶製。萬歷丙辰。僧稠蔭游松蘿。乃仿製爲片。

岕茶採焙。定以立夏後三日。陰雨又需之。世人妄云雨前眞岕。抑亦未知茶事矣。茶園旣開。入山賣草枝

者日不下二三百石。山民收製亂眞。好事家躬往予租采焙。幾視惟謹。多被潛易眞茶去。人地相京高價

分買。家不能二三斤。近有采嫩葉。除尖蒂抽細筋炒之。亦曰片。岕茶不去筋尖。炒而復焙。燥如葉狀曰攤茶。

並難多得。又有俟茶市將闌。采取剩葉製之者。名修山。香味足而色差若。今四方新貨岕片。多是南岳

片子。署爲騙茶可矣。茶買炫人。率以長潮等茶。本岕亦不可得。噫安得起陸龜蒙于九京。與之賡茶人詩

也。陸詩云。天賦識靈草。自然鍾野姿。開來北山下。似與東風期。雨後采芳去。雲間幽路危。惟應報春鳥。共

得此人知。茶人皆有市心。令予徒仰眞茶已。故予煩悶時。每誦姚合乞茶詩一過。嫩綠微黃碧澗春。采時

開道斷葷辛。不將錢買將詩乞。借問山翁有幾人。

岕茶德全策勛惟歸。洗控沸湯瀠葉。即起洗鬲。敏其出液。候湯可下指。即下鬲排盪沙沫復起。併指控

乾。閉之茶藏候投。蓋他茶欲按時分投。惟岕旣經洗控。神理綿綿。止須上投耳。<small>傾湯滿壺後下茶子曰上投宜夏日傾湯及半下葉滿湯曰中投宜</small>

春秋葉者臺底以湯浮之曰下投宜冬日初春

第二輯　藝文

文

與兄子演書　　晉劉琨

吾體中潰悶時仰真茶汝可信信致之。

荈賦　　杜毓

靈山惟岳奇產所鍾厥生荈草彌谷被崗承豐壤之滋潤受甘靈之霄降月惟初秋農功少休結偶同侶。是采是求水則岷方之注挹彼清流器澤陶簡出自東隅酌之以匏取式公劉惟茲初成沫沈華浮煥如積雪煜若春敷。

為田神玉謝茶表　　唐韓翃

臣某言中使至伏奉手詔兼賜臣茶一千五百串令臣分給將士以下聖慈曲被戴荷無階臣某。申謝 臣智謝理戎功懣澄寇前恩未報厚賜仍加念以炎蒸恤其暴露榮分紫筍寵降朱宮味足滌邪助其正直。

香墈愈病。沃以勤勞德惟歡撫心是荷前朝饗士典與軍皆是循常非閒特達顧惟荷幸忽被殊私。

吳主禮賢方開置茗晉臣愛客纔有分茶豈如澤被三軍仁加十乘以欣以忭感戴無階臣無任云云。

茶賦

顧況

稽天地之不平分蘭何爲兮早秀菊何爲兮遲榮皇天既孕此靈物分厚地復糅之而萌惜下國之偏多。

嗟上林之不至。如羅玳筵展瑤席凝藻思閒靈液賜名臣留上客谷鬻轉宮女顋汛濃華漱芳津出恆品。

先衆珍君門九重聖壽萬春此茶上達於天子也滋飯蔬之精素攻肉食之羶膩發當暑之清吟滌通宵。

之昏寐杏樹桃花之深洞竹林草堂之古寺乘槎海上來飛錫雲中至此茶下被於幽人也雅曰不知我。

者謂我何求可憐翠澗陰中有泉流舒鐵如金之鼎越泥似玉之甌輕煙細珠靄然浮爽氣淡煙風雨秋。

夢裏還錢懷中贈橘雖神祕而焉求。

爲武中丞謝賜新茶表

柳宗元

臣某言中使竇某至奉宣旨賜臣新茶一斤者天睠忽臨時珍俯及捧載驚抃以喜以惶臣以無能謬司

邦憲大明首出得親仰於雲霄渥澤遂行忽先霑於草木況茲靈味成自選方照臨而甲拆惟新煦嫗而

芬芳可襲調六氣而成美扶萬壽以效珍豈可賤微膺此殊錫銜恩敢同以嘗酒滌廬方切於飲冰撫事

循涯踰越無地臣不任感戴欣忭之至。

代武中丞謝新茶表

劉禹錫

伏以貢自外方名殊衆品效参藥石芳越椒蘭出自仙廚俯頒私室義同推食空荷於曲成責在素餐寶

懇於虛受臣無任云云。

又

伏以方隅入貢采擷至珍。自遠貢來以新爲貴捧而觀妙飲以滌煩。顧蘭露而慙芳豈薫漿而齊味。既榮

凡口倍切丹心臣無任云云。

三月三日茶宴序

呂溫

三月三日上巳禊飲之日也諸子議以茶酌而代焉撥花沺。愛庭陰清風逐人日色留興臥措青靄坐

擎香枝閣花近席而未飛紅藥拂衣而不散酒命酌香沫浮素杯殼疑琥珀之色不令人醉微覺清思雖

五雲仙漿無復加也座右才子南陽鄒子高陽許侯與二三子頃爲塵外之賞而曷不言詩矣。

茶中雜詠序

皮日休

按周禮酒辨四飲之物其三曰漿又漿人之職供王之六飲水漿醴涼醫酏入於酒府鄭司農云

以水和酒也蓋當時人率以酒醴爲飲謂乎六漿酒之醨者也何得姬公製爾雅云檟苦茶即不擷而飲

之豈聖人之純於用乎亦草木之濟人取舍有時也自周以降及以國朝茶事竟陵子陸季疵言之詳矣。

然季疵以前稱茗飲者必渾以烹之。與夫瀹蔬而啜者無異也。季疵始爲經三卷。由是分其源制其具教

其造設其器命其煮飲之者除痾而去癘雖疾醫之不若也。其爲利也於人豈小哉余始得季疵書以爲

備之矣後又獲其顧渚山記二篇其中多茶事後又太原溫從雲武威段碼之各補茶事十數節並存於

方册茶之事由周至今竟無纖餘矣昔晉杜育有荈賦季疵有茶歌余缺然於懷者謂有其具而不形於

詩亦季疵之餘恨也遂爲十詠寄天隨子。

茶賦　　　宋吳淑

夫其滌煩療渴換骨輕身茶荈之利其功若神則有渠紅薄片西山白露雲垂綠脚香浮碧乳挹此霜華

却茲煩暑清文既傳於杜育亦聞於陸羽若夫擷此皐盧烹茲苦茶桐君之錄尤重仙人之掌難踰

豫章之嘉甘露王蕭之貪酪奴待槍旗而探摘對鼎䥶以吹噓則有療彼斛瘕困茲水厄擢彼陰林得以

爛石先火而造乘雷以摘吳主之憂韋曜初沐殊恩陸納之待謝安誠彰儉德別有産於玉壘造彼金沙

三等爲號五出成花早春之來賓化橫紋之出陽坡復聞澠湖合膏之作龍安騎火之名柏巖分鶴嶺

阮兮鳳亭嘉雀舌之纖嫩翫蟬翼之輕盈冬芽早秀顆先成或重西園之價或伴圓月之形並明目而

益思豈瘠氣而侵精又有蜀岡牛嶺洪雅烏程碧澗紀號紫笋爲稱陟仙崖而花墜服丹丘而翼生至於

飛自獄中煎於竹裏效在不眠功存悅志或言詩爲報或以錢見遺復云葉如梔子花若薔薇輕颺浮雲

心一堂　飲食文化經典文庫

之美籍筍竹箄之差唯芳茗之爲用。蓋飲食之所資。

通商茶法詔

歐陽修

古者山澤之利與民共之。故民足於下。而君裕於上。國家無事刑罰以清自唐末流。始有茶禁上下規利。

垂二百年。如聞比來。爲患益甚民被誅求之困日惟咨嗟官受濫惡之入歲以陳積私藏盜販犯者實繁。

嚴刑竣誅情所不忍使田閭不安其業商買不通於行嗚呼若茲是於江湖間幅員數千里爲陷阱以害

吾民也朕心惻然念此久矣開遣使者往就問之。而皆讓然顧弛權法歲入之課以時上官一二近臣件

析其狀朕嘉覽於再貑若懷然又於歲輸裁成其數使得饒阜以相爲生而禁條俟通商買歷世之弊。

一旦以除爲經常弗復更制損上益下以休吾民倘慮喜於立異之人緣而爲姦之黨妄陳奏議以惑

官司必實明刑用戒狂謬布告遐邇體朕意焉。

龍茶錄後序

前　人

茶爲物之至精。而小團又其精者錄序所謂上品龍茶者是也蓋自君謨始造而歲貢焉仁宗尤所珍惜。

雖輔相之臣。未嘗輒賜惟南郊大禮致齋之夕中書樞密院各四人共賜一餅宮人翦金爲龍鳳花草貼。

其上兩府八家分割以歸不敢碾試相家藏以爲寶時有佳客出而傳玩爾至嘉祐七年親享明堂齋夕。

始人賜一餅余亦添預至今藏之余自以諫官供奉仗內至登二府二十餘年纔一獲賜因君謨著錄輒

附於後。庶知小團自君謨始而可貴如此。

南有嘉茗賦　梅堯臣

南有山原兮不鑿不營乃產嘉茗兮鬖此衆氓。土膏脈動兮雷始發聲。萬木之氣未通兮此已吐乎纖萌。一之曰雀舌擷而製之以奉乎王庭。二之曰鳥喙長擷而焙之以備乎公卿。三之曰槍旗聳擢而炕之。將求乎利贏。四之曰嫩莖茂圍而範之。來充乎賦征當此時也。女廢蠶織男廢農耕夜不得息晝不得停。取之由一葉而至一掬輸之若百谷之赴巨溟。固日飲而無厭富貴貧賤亦時啜而不寧所以小民冒險而競鬻謂峻法之與嚴刑嗚呼古者聖人為之絲枲絺綌而民始衣播之禾麰菽粟而民不饑畜之牛羊犬豕而甘脆不遺調之辛酸鹹苦而五味適宜造之酒醴而讌饗之樹之果蔬而薦羞之。茲可謂備矣。何彼茗無一勝焉。而競進於今之時。抑非近世之人體惰不勤飽食梁肉坐以生疾藉以靈蕤而消腑胃之宿陳。若然則斯茗也不得不謂之無益於爾身無功於爾民也哉。

述煑茶小品　葉清臣

夫渭黍汾麻泉源之異稟。江橘淮枳土地之或遷。誠物類之有宜。亦臭味之相感也若乃擷華掇秀多識草木之名激濁揚清能辨淄澠之品斯固好事之嘉尚博識之精鑒自非笑傲塵表道遙林下樂追王濛之約不讓陸納之風其孰能與於此乎吳楚山谷間氣清地靈草木穎挺多孕茶蕤為人採拾大率右於

武夷者爲白乳。甲於吳興者爲紫筍產禹穴者以天章顯茂錢塘者以徑山稀至於續廬之巖雲衡之麓

鴉山著於吳歙蒙頂傳於岷蜀角立差勝毛舉實繁然而天賦尤異性慺俗諳苟制非其妙烹失於術雖

先雷而蘪未雨而檜蒸焙以圖造作以經而泉不香水不甘鑿之揚之若洮滓予少得溫氏所著茶說。

嘗識其水泉之目有二十焉會西走巴峽經蝦蟆窟憩蕪城汲蜀岡并東遊故郡絕揚子江留丹陽酌觀

晉泉過無錫斛慧山水粉槍牙旗蘇蘭薪桂且鼎且缶以飲以歡莫不淪氣滌慮蠲病析酲祛鄙悋之生

心招神明而達觀信乎物類之宜得臭味之所感幽人之佳尚前賢之精鑒不可及已噫紫華綠英均一

水也皆忘情於麀羹或求伸於知己不然者聚薄之莽溝瀆之流亦奚以異哉遊鹿故宮依違盛府一命

受職再期服勞而虎丘之篛松江之清洲復在封畛然居然挹注是嘗所得以鴻漸之日二十有七也

昔酈道元善於水經未嘗知茶王肅癖於茗飲而言不及水表是二美吾無愧焉凡泉品二十列於右幅

且使茶神方之四遂成其功代酒限於七升無忘真賞云南陽葉清臣述。

進茶錄序

臣前因奏事伏蒙陛下諭臣先任福建轉運使日所進上品龍茶最爲精好臣退念草木之微首辱陛下

知鑒若處之得地則能盡其材昔陸羽茶經不第建安之品丁謂茶圖獨論採造之本至於烹試曾未聞

有臣輒條數事簡而易明勒成二篇名曰茶錄伏惟清閒之宴或賜觀採臣不勝惶懼榮幸之至謹序。

蔡　襄

葉嘉傳

蘇軾

葉嘉閩人也。其先處上谷曾祖茂先養高不仕。好游名山至武夷悅之。遂家焉嘗曰吾植功種德不爲時採然遺香後世吾子孫必盛於中土當飲其惠矣。茂先葬郝源子孫遂爲郝源民。至嘉少植節操或勸之業武曰吾當爲天下英武之精。一槍一旗豈吾事哉。因而游見陸先生先生奇之爲著其行錄傳於世。方漢帝嗜閱經史時建安人爲謁者侍上。上讀其行錄而善之曰吾獨不得與此人同時哉曰臣邑人葉嘉風味恬淡清白可愛頗負其名有濟世之才雖羽知猶未詳也。上驚敕建安太守召嘉給傳遣詣京師。郡守始令採訪嘉所在命齎書示之嘉未就見遣使臣督促。郡守曰葉先生方閉門制作研味經史志圖挺立。必不屑進未可促之。親至山中爲之勸駕始行登車遇相者揖之曰先生容質異常矯然有龍鳳之姿後當大貴嘉以皂囊上封事。天子見之曰吾久飫卿名但未知其實爾我其試哉因顧謂侍臣曰視嘉容貌如鐵資質剛勁難以遽用必摧提頓挫之乃可遂以言恐嘉曰砧斧在前鼎鑊在後將以烹子子視之如何嘉勃然吐氣曰臣山藪猥士幸惟陛下採擇至此可以利生雖粉身碎骨臣不辭也。上笑命以名曹處之。又加樞要之務焉。因誠小黃門監之有頃報曰嘉之所爲猶若粗疏然。上曰吾知其才第以獨學未經師耳嘉爲之屑屑就師頃刻就事已精熟矣。上乃勑御史歐陽高金紫光祿大夫鄭當時甘泉侯陳平三人。與之同事歐陽嫉嘉初進有寵曰吾屬且爲之下矣計欲傾之會天子御延英促召四人歐陽但熱中而

已。當時以足蹙嘉而平亦以口侵陵之。嘉雖見侮為之起立。顏色不變歐陽悔曰。陛下以葉嘉見託吾讜

亦不可忽之也。因同見帝陽稱嘉美。而陰以輕浮訾之。嘉亦訴於上。上為責歐陽憐嘉視其顏色久之曰。

葉嘉真清白之士也。其氣飄然若浮雲矣。遂引而宴之。少選間。上鼓舌欣然曰始見嘉。未甚好也久味

之。殊令人愛。朕之精魄不覺灑然而醒。書曰啟乃心沃朕心。嘉之謂也。於是封嘉為鉅合侯位侍書曰侍

書腴喉舌之任也。由是寵愛日加。朝廷賓客。過會宴享。未始不推於嘉。上曰引對至於再三。後因侍宴苑

中。上飲踰度嘉輒苦諫。上不悅曰卿司朕喉舌。而以苦辭逆我。我豈堪哉。遂唾之命左右仆於地嘉正色

曰。陛下必欲甘辭利口。然後愛耶。臣言雖苦久則有效。陛下亦嘗試之豈不知乎。上顧左右曰始吾言嘉

剛勁難用。今果見矣。因含容之。然亦以是疎嘉。嘉既不得志。退去閩中。既而曰吾末如之何也已矣。上以

不見嘉月餘。勞於萬幾神薾思困。顏思嘉。因命召至。喜甚以手撫嘉曰吾渴見卿久也。遂恩遇如故。上方

欲以兵革為事。而大司農奏計國用不足。上深患之。以問嘉。嘉為進三策。其一曰權天下之利山海之資

一切籍於縣官行之一年。財用豐贍。上大悅兵興有功而還。上利其財故權法不罷。管山海之利自嘉始

也。居一年嘉告老。上曰鉅合侯其忠可謂盡矣。遂得爵其子。又令郡守擇其宗支之良者。每歲貢焉。嘉子

二人。長曰摶有父風襲爵次曰挺抱黃白之術。比於摶其志尤淡泊也。嘗散其資拯鄉閭之困人皆德之。

故鄉人以奉伐鼓大會山中求之以為常。贊曰今葉氏散居天下皆不喜城邑惟樂山居氏於閩中者蓋

嘉之苗裔也。天下葉氏雖夥。然風味德馨爲世所貴皆不及閭閻之居者又多。而郝源之族爲甲嘉以衣遇天子偹徵侯位八座可謂榮矣然其正色苦諫竭力許國不爲身計蓋有以取之夫先王用於國有

節取於民有制至於山林川澤之利一切與民嘉爲策以權之雖救一時之急非先王之舉也君子譏之

或云管山海之利始於鹽鐵丞孔僅桑弘羊之謀也嘉之策未行於時至唐趙贊始舉而用之。

煎茶賦

洶洶乎如澗松之發清吹皓皓乎如春空之行白雲賓主欲眠而同味水茗相投而不渾苦口利病解膠

黃庭堅

滌昏未嘗一日不放箸而策茗椀之勳者也余嘗爲嗣直瀹茗因錄其滌煩破睡之功爲之甲乙建谿如

割雙井如遯日鑄如槐其餘苦則辛螫甘則底滯嘔酸寒胃令人失睡亦未足與議或曰無甚高論敢問

其次涪翁曰味江之羅山嚴道之蒙頂黔陽之都濡高株瀘川之納溪梅嶺夷陵之壓甐臨邛之火井不

得巳而去於三則六者亦可酌兔褐之甌淪魚眼之鼎者也或者又曰寒中瘠氣莫甚於茶或濟之鹽勾

賊破家滑竅走水又況雞蘇之與胡麻涪翁於是酌岐雷之醯醢參伊聖之湯液斟斟附子如博投以熬葛

仙之臒去藙而用鹽去橘而用薑不奪茗味而佐以草石之良所以固太倉而堅作彊於是有胡桃松實

菴摩鴨脚敦賀靡蕪水蘇甘菊既加臭味亦厚賓客前四後四各用其一少則美多則惡發揮其精神又

益於呾嚼蓋大匠無可棄之材太平非一士之略厭初貪味雋永速化湯餅乃至中夜不眠耿耿既作溫

心一堂　飲食文化經典文庫

齊殊可麾歠。如以六經濟三尺法雖有除治與人安樂賓至則煎去則就榻不游軒石之華胥則化莊周之胡蝶。

茶經序

陳師道

陸羽茶經家傳一卷。畢氏王氏書三卷。張氏書四卷內外書十有一卷。其文繁簡不同。王畢氏書繁雜意其舊文。張氏書簡明與家書合。而多脫誤家書近古可考正月七之事其下亡乃合三書以成之錄為二篇藏於家夫茶之著書自羽始。其用於世亦自羽始羽誠有功於茶者也上自宮省下迨邑里外及夷戎蠻狄賓祀燕享預陳於前山澤以成市商賈以起家又有功於人者也可謂智矣經曰茶之否藏存之口訣則書之所載猶其麤也夫茶之為藝下矣至其精微書有不盡兄天下之至理而欲求之文字紙墨之間其有得乎昔者先王因人而教同欲而治凡有益於人者皆不廢也世人之說曰先王詩書道德之此乃世外執方之論枯槁自守之行不可羣天下而居也史稱羽持具飲李季卿不為賓主又著論以毀之夫藝者君子有之德成而後及所以同於民也不務本而趨末故業成而下也學者謹之。

鬬茶記

唐　庚

政和二年三月壬戌二三君子相與鬬茶於寄傲齋予為取龍塘水烹之而第其品以某為上某次之某閩人其所齋宜尤高而又次之。然大較皆精絕蓋嘗以為天下之物有宜得而不得不宜得而得之者富

貴有力之人。或有所不能致。而貧窮厄流離遷徙之中。或偶然獲焉。所謂尺有所短。寸有所長。良不虛

也。唐相李衞公好飲惠山泉。置驛傳送。不遠數千里。而近世歐陽少師作龍茶錄序。稱嘉祐七年。親享明

堂致齋之夕。始以小團分賜二府。人給一餅。不敢碾試。至今藏之。時熙寧元年也。吾聞茶不問團銙。要之

貴新。水不問江井。要之貴活。千里致水。眞僞固不可知。就令識眞。已非活水。自嘉祐七年壬寅。至熙寧元

年戊申。首尾七年。更閱三朝。而賜茶猶在。此豈復有茶也哉。今吾提瓶支龍塘。無數十步。此水宜茶。昔人

以爲不減清遠峽。而海道趨建安。不數日可至。故每歲新茶。不過三日至矣。罪戾之餘。上寬不誅。得與諸

公從容談笑於此。汲泉煮茗。孰與烹數千里之泉。澆七年之賜茗也哉。此非吾君

之力歟。夫耕鑿食息。終日蒙福而不知爲之者。直愚民耳。豈吾輩謂耶。是宜有所紀述。以無忘在上者之

澤云。

　　謝傅尙書惠茶啓　　　　　　　　　　　楊萬里

遠餉新茗。當自攜大瓢。走汲溪泉。束澗底之散薪。燃折脚之石鼎。烹玉塵。啜香乳。以享天上故人之意。媿

無胷中之書傳。但一味攪破菜園耳。

　　煑茶夢記　　　　　　　　　　　　元　楊維楨

鐵龍道人臥石牀。移二更。月微明。及紙帳梅影。亦及半窻。鶴孤立不鳴。命小芸童汲白蓮泉。燃槁湘竹授

172

以凌霄芽爲飲供道人乃遊心太虛。雍雍涼涼若鴻濛若皇芒會天地之未生。適陰陽之若亡。恍兮不知

入夢途坐清眞銀暉之堂堂上香雲罷拂地中著紫桂楊綠瑀几看太初易一集集內悉星斗文煥煜焰

熒金流玉錯莫別炎蠆若烟雲日月交麗乎中天欻玉露涼月冷如冰入齒者易刻。因作太虛吟吟曰道

無形兮兆無聲妙無心兮一以貞百象斯融兮太虛以清歌巳光飆起林末激華氛郁郁霏霏絢爛淫麗。

乃有屢綠衣若仙子者從容來謁云名淡香小字綠花乃捧太元盃酌太清神明之體以壽予侑以詞曰。

心不行神不行無而爲萬化清壽畢紓徐而退復令小玉環侍筆牘逡書歌遺之曰道可受兮不可傳天

無形兮四時以言妙乎天兮天天之先天天之先復何仙移間白雲微消綠衣化烟月反明予內間予亦

悟矣逡冥神合元月光尙隱隱於梅花間小芸呼曰凌霄芽熟矣。

茶法

明　楊士奇

應天府批驗茶引所。直隸常州府宜興縣張渚批驗茶引所。浙江杭州府批驗茶引所節次關去茶引退

引累催不繳其故。蓋因批驗所不置簿籍附寫茶商姓名貫址。或不照茶商路引。聽其冒名開報。或將引

由成千成萬賣與嗜利之徒。轉賣與人。如此欲得的確名籍追繳引難矣。況茶貨出山經

過官司旣不從公盤詰。又不依例批驗。縱有夾帶斥重多是受財賣放彼何畏憚而不停歇舊引影射私

茶哉。又如南直隸常州府池州府徽州府浙江湖州府嚴州府衢州府紹興府江西南昌府饒州府南康

府。九江府吉安府湖廣武昌府寶慶府長沙府荆州府四川成都府保慶府襄州府嘉定州瀘州雅州等

處俱係產茶地方。和去前項三批驗所遠者數千里近亦不下數百里若照引內條例。聽茶商徑赴產茶

府州納課買引照茶於人爲便理必樂從誰肯不買引由公犯茶禁今却令茶商省來此三所買引路遠

寫遠往返不便。欲其一一遵依不作前弊亦難矣况批驗引由與之截角及搜驗有無夾帶乃批驗茶引

所之職。所退引該典截角今照前項三所却管賣引不行批驗名實不稱有乖職掌合無請給璽旨榜文。

通行天下曉諭今後園戶賣茶及茶商與販茶貨告給引由與夫批驗納課等項務要俱遵引由內條例

數內惟買引一事免其納錢只照見行事例每引一道納鈔一貫中夾紙一張。仍令前項產茶府州樹酌

所管地方每歲可出茶貨若干合用引由若干預先具數差人赴本部關領前引囘還收貯出榜集商中

買。仍要辨茶商路引果無詐偽即對其人姓名籍貫將引給與年終該府州各將賣給茶引造冊

就將收過紙鈔差人一同解繳本部鈔送該庫交收紙劄造引仍具數關領次年合用引由各批驗所如

遇茶商經務依例逐一批驗將引截角如無夾帶便放行若有夾帶就連人茶挈送本處官司理問年

終將批驗過客商姓名貫址並引數目及盤獲私茶起數線由造冊申達合干上司轉繳本部查考。

一、茶引由內茶引一道納銅錢一千文照茶一百斤茶由一道納銅錢六百文照茶六十斤見行事例每

引由一道納鈔一貫中夾紙一張。

心一堂　飲食文化經典文庫

一、諸人但犯私茶與鹽法一體治罪。如將已批驗截角退引入山影射照茶者同私茶論。

一、客商與販茶貨先赴產茶府州具報所買斤重依律納課買引照茶出境發賣如至住賣去處賣畢隨

卽於所在官司繳納原引如或停藏影射者同私茶論。

一、山園茶主將茶賣與無引出客商與販者初犯笞三十仍追原價沒官再犯笞五十三犯杖八十俱倍

追原價沒官。

一、茶引不許相離有茶無引多餘夾帶並依私茶定論。

一、茶商販到茶貨經過批驗所須要依例批驗將引出截角別無夾帶方許放行遠越者笞二十。

一、偽造茶引者處死籍沒當房家產告捉人賞銀二十兩。

一、賣茶去處赴宣課司依例三十分抽一分芽茶葉茶各驗價值納課。

一、販茶不拘地方欲令兩淮山東長蘆三運司將鹽引紙每張納鈔一貫。

請革芽茶疏

曹　琥

臣聞天之生物本以養人。未聞以其所以養人者害人也。歷觀古昔帝王忍嗜慾節貢獻或罷或卻詔戒

丁寧蓋不欲以一人之奉。而困天下之民以養人之物。而貽人之患此所以澤及生民法垂後世而王道

成矣臣查得本府額貢芽茶歲不過二十斤邇年以來額貢之外有寧王府之貢有鎮守太監之貢是二

貢者。有芽茶之徵有細茶之徵，始於方春迄於首夏官校臨門急如星火農夫蠶婦各失其業奔走山谷

以應誅求者相對而泣因怨而怒殆有不可勝言者如鎮守之貢歲辦千有餘斤不知實貢朝廷者幾何。

今歲太監黎安行取回京未及徵派。而百姓相賀於道則往歲之為民病從可知已臣不容不為陛下悉

數之方春之時正值耕蠶而男婦廢業無以卒歲此其為害一也。二麥未登民艱於食旦旦而促之民不

聊生。此其為害二也。及歸之官又揀擇去取十不中一遂使射利之家先期採集坐索高價此其為害三

也。亦或採取過時括市殆取無所應計無所出則又科斂財物買求官校百計營求此其為害四也官

校乘機私買貨賣途使朝夕鹽米之小民相戒而不敢入市此其為害五也凡此五不韙者皆切民之深

患致關之本源今若不言後當有悔臣今竊祿署府目觀民患苟有所慮不敢不陳伏望陛下擴天地生

物之心憫閭閻窮苦之狀特降音能此貢獻使方春之時農蠶不至於失期草木得全其生意民物欣

欣頌聲斯作實一方萬萬年無疆之福也。

茶德頌

有嗜茗友生烹瀹不論朝夕沸湯在須臾汲泉與燎火無暇躊躇長衢竹爐列牖獸炭陳爐全應讓陸羽

不知琺賤羽觴酒甀所貴茗碗茶壺一甌睡覺二碗飯餘過醉漢渴夫山僧逸士聞馨嗅味欣然而喜乃

掀脣快飲潤喉嗽齒詩腸濯滌妙思猛起友生詠句而嘲其酒樽我輩惡醪啜其湯飲猶勝囒精一吸懷

周履靖

暢。再吸思陶心煩頓舒昏頓醒喉能清爽而發高聲祕傳煎烹淪啜眞形。始悟玉川之妙法追魯望之

幽情。

燃石鼎儼若翻浪傾破甌葉泛如萍雖擬酒德頌不學古調詠螺蛤。

詩

月夜啜茶聯句

泛花邀坐客代飲引清言。　陸士修

釀酒宜華席留僧想獨園。　張薦

不須攀月桂何假樹庭萱御史秋風勁尚書

唐　顏眞卿

北斗會　崔萬
流華淨肌骨疏淪滌心源。　眞卿

不似春醪醉何辭綠菽繁戌素瓷傳靜夜芳氣滿閒軒　修士

李　白

答族姪僧中孚贈玉泉仙人掌茶序并

余聞荊州玉泉寺近清谿諸山山洞往往有乳窟窟中多玉泉交流中有白蝙蝠大如鴉。按仙經蝙蝠

一名仙鼠千歲之後體白如雪棲則倒懸蓋飲乳水而長生也其水邊處處有茗草羅生枝葉如碧玉。

唯玉泉眞公常采而飲之年八十餘歲顏色如桃花而此茗清香滑熟異于他者所以能還童振枯扶

人壽也余遊金陵見宗僧中孚示余茶數十片拳然重疊其狀如手號爲仙人掌茶蓋新出乎玉泉之

山曠古未觀因持之見遺兼贈詩要余答之途有此作後之高僧大隱知仙人掌茶發乎中孚禪子靑

蓮居士李白也。

嘗聞玉泉山山洞多乳窟仙鼠如白鵶。倒懸深谿月。名生此中石。玉泉流不歇。根柯灑芳津朵服潤肌骨。

叢老卷綠葉枝枝相接連曝成仙人掌。似拍洪崖肩舉世未見之其名定誰傳宗英乃禪伯。投贈有佳篇。

清鏡燭無鹽顧慙西子妍。朝坐有餘與長吟播諸天。

　喜園中茶生　　韋應物

潔性不可汙爲飲滌塵煩此物信靈味。本自出山原聊因理郡餘率爾植荒園嘉隨衆草長得與幽人言。

　送陸鴻漸山人採茶　　皇甫曾

千峯待逋客茗復叢生採摘知深處煙霞羨獨行幽期山寺遠。野飯石泉清寂寂燃燈夜相思一磬聲。

　過長孫宅與郎上人茶會　　錢起

偶與息心侶忘歸才子家。元談兼藻思綠茗代榴花岸幘看雲卷含毫任景斜松喬若逢此不復醉流霞。

　與趙莒茶讌　　前人

竹下忘言對紫金全勝羽客醉流霞塵心洗盡與難盡。一樹蟬聲片影斜。

　送陸鴻漸棲霞寺採茶　　皇甫冉

採茶非採菉遠遠上層崖布葉春風暖盈筐白日斜舊知山寺路時宿野人家借問王孫草何詩泛椀花。

新茶味寄上西川相公
　　　　　　　　　　　　　　　　　盧綸

三獻蓬萊始一嘗。日調金鼎閱芳香。貯之玉合才半餅。寄與阿連題數行。

津梁寺採新茶
　　　　　　　　　　　　　　　　　武元衡

靈卉碧巖下。羞英初散芳。塗塗宿霜露。采采不盈筐。陰竇藏烟濕。單衣染焙香。幸將調鼎味。一爲奏明光。

巽上人以竹間自採新茶見贈酬之以詩
　　　　　　　　　　　　　　　　　柳宗元

芳叢翳湘竹。零露凝清華。復此雪山客。晨朝掇靈芽。蒸烟俯石瀨。咫尺凌丹崖。圓方麗奇色。圭璧無纖瑕。呼兒爨金鼎。餘馥延幽遐。滌慮發眞照。還源蕩昏邪。猶同甘露飲。佛事熏毗邪。咄此蓬瀛侶。無乃貴流霞。

西山蘭若試茶歌
　　　　　　　　　　　　　　　　　劉禹錫

山僧後檐茶數叢。春來映竹抽新茸。宛然爲客振衣起。如傍芳叢摘鷹嘴。斯須炒成滿室香。便酌砌下金沙水。驟雨松聲入鼎來。白雲滿盌花徘徊。悠揚噴鼻宿酲散。清峭徹骨煩襟開。陽崖陰嶺各殊氣。未若竹下莓苔地。炎帝雖嘗未辨煎。相君有錄那知味。新芽連拳半未舒。自摘至煎俄頃餘。木蘭墜露香微似。瑤草臨波色不如。僧言靈味宜幽寂。采采翹英爲嘉客。不辭縅封寄郡齋。穩井銅爐損標格。何況蒙山顧渚春。白泥赤印步風塵。欲知花乳淸泠味。須是眠雲跂石人。

嘗茶
　　　　　　　　　　　　　　　　　前人

生拍芳叢鷹嘴芽老郎封寄謫仙家。今宵更有湘江月。照出霏霏滿盌花。

茶嶺

紫芽連白藥初向嶺頭生。自看家人摘尋常闔露行。

張籍

走筆謝孟諫議寄新茶

盧仝

日高丈五睡正濃。軍將打門驚周公。口云諫議送書信。白絹斜封三道印。開緘宛見諫議面。手閱月團三百片。開道新年入山裏。蟄蟲驚動春風起。天子須嘗陽羨茶。百草不敢先開花。仁風暗結珠琲瓃。先春抽出黃金芽。摘鮮焙芳旋封裹。至精至好且不奢。至尊之餘合王公。何事便到山人家。柴門反關無俗客。紗帽籠頭自煎喫。碧雲引風吹不斷。白花浮光凝碗面。一碗喉吻潤。兩碗破孤悶。三碗搜枯腸惟有文字五千卷。四碗發輕汗平生不平事盡向毛孔散。五碗肌骨輕。六碗通仙靈。七碗喫不得唯覺兩腋習習清風生。

元稹

一言至七言詩．

茶。
香葉。嫩芽。
慕詩客。愛僧家。
碾雕白玉。羅織紅紗。
銚煎黃蕊色。椀轉麴塵花。
夜後邀陪明月。晨前命對朝霞。
洗盡古今人不倦。將知醉後豈堪誇。

白居易

睡後茶興憶楊同州

昨晚飲太多鬼餓連宵醉。今朝餐又飽爛漫移時睡。睡足摩挲眼。眼前無一事信脚遶池行。偶然得幽致。婆娑綠陰樹斑駁青苔地。此處置繩牀傍邊洗茶器。白瓷甌甚潔紅鑪炭方熾。沫下麴塵香花浮魚眼沸。盛來有佳色燕罷餘芳氣不見楊慕巢誰人知此味。

謝李六郎中寄蜀茶詩

故情周匝向交親新茗分張及病身。紅紙一封書後信綠芽千片火前春。湯添勺水煎魚眼。末下刀圭攪麴塵。不寄他人先寄我。應緣我是別茶人。

前人

山泉煎茶有懷

坐酌泠泠水看煎瑟瑟塵。無由持一盌寄與愛茶人。

前人

蕭員外寄新蜀茶

蜀茶寄到但驚新渭水煎來始覺珍。滿甌似乳堪持翫況是春深酒渴人。

前人

憶茗芽

谷中春日暖漸憶啜茶英欲及清明火能消醉客心松花飄鼎泛蘭氣入甌輕飲罷開無事捫蘿溪上行。

李德裕

茶嶺

顧渚吳商絶蒙山蜀信稀千叢因此始含露紫英肥。

韋處厚

古今茶事

蜀茗茶　　　　　　　　　　　　　　　施肩吾

越椀初盛蜀茗新。薄煙輕颺處攪來勻。山僧問我將何比。欲道瓊漿却畏嗔。

寄楊工部閬跰陵舍弟自惡溪入茶山　　　　姚　合

采茶溪路好。花影半浮沈。盡伺僧同上。春山客共尋。芳新生石際。幽嫩在山陰。色是春光染。香驚日色侵。

試嘗應酒醒。封進定恩深。芳貼千里外。怡怡太府吟。

乞新茶　　　　　　　　　　　　　　　前　人

嫩綠微黃碧澗春。採時聞道斷葷辛。不將錢買將詩乞。借問山翁有幾人。

題宜興茶山　　　　　　　　　　　　　杜　牧

山實東吳秀。茶稱瑞草魁。剖符雖俗吏。修貢亦仙才。溪盡停蠻棹。旗張卓翠苔。柳邨穿窈窕。松澗渡喧豗。

等級雲峯峻。寬平洞府開。拂天聞笑語。特地見樓臺。泉嫩黃金湧。牙香紫璧裁。拜章期沃日。輕騎疾奔雷。

舞袖嵐侵潤。歌聲谷迴溷。磬音藏葉鳥。雪艷照潭梅。好是全家到。兼爲奉詔來。樹陰香作帳。花逕落成堆。

景物殘三月登臨愴一杯。重遊難自剋。俛首入塵埃。

謝劉相公寄天柱茶　　　　　　　　　　薛　能

兩串春圓豽夜光名題天柱印維揚。偷婾曼倩桃無味。搗覺嫦娥藥不香。惜恐被分緣利市。盡應難覓爲

供堂粗官寄與眞抛卻賴有詩情合得嘗。

蜀州鄭使君寄烏嘴茶因以贈客八韻

烏嘴擷渾牙精靈勝鏌鋣烹嘗方帶酒滋味更無茶。拒礙乾聲細撐封利穎斜銜蘆齊勁實啄木聚菁華。

鹽損添常誡蠆宜著更誇得來拋道藥攜去就僧家旋覺前甌淺還愁後信賒千懇故人意此惠敵丹砂。　前人

龍山人惠石廩方及閩茶

客有衡岳隱遺予石廩茶自云凌煙露採掇春山芽。圭璧相壓疊芳積莫能加礙成黃金粉輕嫩如松花。　李羣玉

紅爐炊霜枝越甌斟井華灩灩起魚眼滿鼎漂清霞凝澄坐曉燈病眼如蒙紗一甌拂昏寐襟鬲開煩拏。

顧渚與方山諸人留品差持甌默吟咏搖膝空咨嗟。

答友寄新茗　前人

滿火芳香碾麴塵吳甌湘水綠花新愧君千里分滋味寄與春風酒渴人。

西嶺道士茶歌　溫庭筠

乳竇濺濺通石脈綠塵愁草春江色澗花入井水味香山月當人松影直仙翁白扇霜鳥翎拂壇夜讀黃

庭經疏香皓齒有餘味更覺鶴心通杳冥。

茶山貢焙歌　李郢

使君愛客情無已客在金嘉價無比春風三月貢茶時盡逐紅旌到山裏焙中清曉朱門開筐箱漸見新

芽來陵烟觸露不停採官家赤印連帖催朝飢暮匐誰與哀喧闐競納不盈掬一餉還成堆蒸之馥

馥香勝梅研膏架動蠚如雷茶成拜表貢天子萬人爭嗽春山摧驛騎鞭聲走流電半夜驅夫誰復見十

日王程路四千到時須及清明宴吾君可謂納諫君不諫何由聞九重城裏雖旰食天涯有酒亦有歌樂營房屋

紛使君愛民懷容色就焙嘗茶諸客幾回到口重咨嗟嫩綠鮮芳出何力山中有酒亦有歌樂營房府

皆仙家仙家十隊酒百斛金絲宴饌隨經過使君是日憂思多客亦無言徵綺羅殷勤繞焙復長嘆官府

例成期如何吳民吳民莫憔悴使君作相期蘇爾

美人嘗茶行　崔珏

雲鬟枕落困春泥玉郎為碾瑟瑟塵閒教鸚鵡啄窗響和嬌扶起濃睡人銀瓶貯泉水一掬松雨聲來乳

花熟朱唇噏破綠雲時咽入香喉爽紅玉明眸漸開橫秋水手撥絲篁醉心起臺前卻坐推金箏不語思

量夢中事

故人寄茶　曹鄴

劍外九華英繊題下玉京開時徵月上碾處亂泉聲半夜招僧至孤吟對月烹碧澄霞腳碎香泛乳花輕

六腑睡神去數朝詩思清用餘不敢費留伴吟嘗行

心一堂　飲食文化經典文庫

茶　　　　　　　　　　　　　　　鄭　愚

嫩芽香且靈吾謂草中英夜臼和煙搗塞爐對雪烹惟憂碧粉散常見綠花生最是堪珍重熊令睡思清

茶塢　　　　　　　　　　　　　　陸龜蒙

茗地曲隈回野行多縈繞向陽就中密背洞差還少遙盤雲礜慢亂篠香篝小何處好幽期滿巖春露曉。

茶人　　　　　　　　　　　　　　前　人

天賦識靈草自然鍾野姿閑來北山下似與東風期雨後探芳去雲間幽路危唯應報春鳥得共斯人知。

茶筍　　　　　　　　　　　　　　前　人

所孕和氣深時抽玉茗短輕煙漸結華嫩藥初成管尋來青靄曙欲去紅雲暖秀色自難逢傾筐不曾滿。

茶焙　　　　　　　　　　　　　　前　人

左右擣凝膏朝昏布煙縷方圓隨樣拍次第依層取山謠縱高下火候還文武見說焙前人時時炙花脯。

茶塢　　　　　　　　　　　　　　皮日休

閑尋堯氏山遂入深深塢種荈已成園栽葭寧記畝石窪泉似掬巖罅雲如縷好是夏初時白花滿煙雨。

茶筍　　　　　　　　　　　　　　前　人

裒然三五寸生必依巖洞寒恐結紅鉛暖疑銷紫汞，圓如玉軸光脆似瓊英凍每為遇之疎南山挂幽夢。

茶舍

陽崖枕白屋幾口嬉嬉活。棚上汲紅泉。焙前蒸紫蕨乃翁研著後中婦拍茶歌相向掩柴扉清香滿山月。

前人

茶焙

鑿彼碧巖下恰應深二尺泥易帶雲根燒難礙石脈初能爍金餅漸見乾瓊液九里共杉林相望在山側。

前人

煑茶

香泉一合乳煎作連珠沸時看蟹目濺乍見魚鱗起聲疑松帶雨餘恐烟生翠儻把瀝中山必無千日醉。

前人

謝僧寄茶

空門少年初地堅。摘芳為藥除睡眠。匡山茗樹朝陽偏。暖萌如爪拏飛鳶枝枝膏露凝滴圓參差失向兜

李咸用

羅綿傾筐短甑蒸新鮮。白亭眼細勻于研甄排古砌春苔乾般勤寄我清明前金槽無聲飛碧烟赤歟呵

冰急鐵喧林風夕和真珠泉半匙青粉攪潑淡綠雲輕綰湘娥聲甞來縱使重支枕蝴蝶寂寥空掩關。

採茶歌

秦韜玉

天柱香芽露香發研瑟瑟穿荻篾。太守憐才寄野人山童碾破團圓月。倚雲便酌泉聲煑獸炭潛然蚌

珠吐看著晴天早日明鼎中颼颼篩風雨老翠塵下纖熱攪時繞筯天雲綠蚨書病酒兩多情坐對閩

甌睡先足洗我胃中幽思清鬼神應愁歌欲成。

陝中嘗茶　　　　　　　　　　　　　　　　　　鄭　谷

簇簇新英摘露光。小江園裏火前嘗吳僧謾說雅山好。蜀叟休誇烏嘴香入座半甌輕泛綠開緘數片淺

含黃龍門病客不歸去酒渴更知春味長

茗坡　　　　　　　　　　　　　　　　　　　　陸希聲

二月山家穀雨天。半坡芳茗露華鮮。春醒酒病兼消渴惜取新芽旋摘煎。

尚書惠蠟面茶　　　　　　　　　　　　　　　　徐　夤

武夷春暖月初圓探摘新芽獻地仙。飛鵲印成香蠟片啼猿趫走木蘭船金槽和碾沈香末冰椀輕涵翠

縷煙分贈恩深知最異。晚鑑宜養北山泉。

東亭茶讌　　　　　　　　　　　　　　　　　　鮑君徽

開朝向曉出簾櫳茗讌東亭四望通遠眺城池山色裏俯聆絃管水聲中幽篁映沼新抽翠芳槿低簷欲

吐紅坐久此中無限與更憐團扇起清風。

煎茶　　　　　　　　　　　　　　　　　　　　成彥雄

岳寺春深睡起時虎跑泉畔思遲遲蜀茶倩箇雲僧碾自拾枯松三四枝。

與亢居士青山潭飲茶　　　　　　　　　　　　　僧靈一

野泉烟火白雲間。坐飲香茶愛此山。巖下縮舟不忍去清溪水流暮游游。

飲茶歌誚崔石使君

釋皎然

越人遺我剡溪茗採得金芽爨金鼎素瓷雪色飄沫香何似諸仙瓊蘂漿。一飲滌昏寐情思爽朗滿天地，

再飲清我神忽如飛雨灑輕塵三飲便得道何須苦心破煩惱此物清高世莫知世人飲酒徒自欺好看

畢卓甕間夜笑向陶潛籬下時崔侯啜之意不已狂歌一曲驚人耳執知茶道全爾眞唯有丹丘得如此。

飲茶歌送鄭容

前　人

溪雲高歌送君出。

丹丘羽人輕玉食探茶飲之生羽翼名藏仙府世莫知骨化雲宮人不識雪山童子調金鐺楚人茶經盧

得名霜天牛夜芳草折爛漫細花啜又生常說此茶袪我疾使人胷中蕩憂慄日上香爐情未畢亂踏虎

對陸迅飲天目山茶因寄元居士晟

前　人

喜見幽人會初開野客茶日成東非葉探北山芽文火香偏勝寒泉味轉嘉投鐺湧作沫著椀聚生花。

稍與禪經近聊將睡網賖知君在天目此意日無涯。

和門下殷侍卽新茶二十韻

宋　徐鉉

暖吹入春園新芽競粲然才教廊鴷坼未放雪花研荷杖青林下攜筐旭景前孕靈資雨露鍾秀自山川。

礪後香彌遠。烹來色更鮮。名隨土地貴。味逐水泉遷。力籍流黃暖。形模紫筍圓。正當鑽柳火。遙想湧金泉，

任道時新物。須依古法煎。輕甌浮綠乳。孤竈散餘烟。甘薺非予匹。宮槐讓我先。竹空舟荷弱。護田田。

解渴消殘酒。清神感夜眠。十漿何足餽。百榼盡堪捐。采擷唯憂晚。營求不計錢。任公因焙顯。陸氏有經傳。

愛甚真成癖。嘗多合得仙。亭臺虛靜處。風月艷陽天。自可臨泉石。何仿雜管絃。束山似蒙頂。願得從諸賢。

恩賜龍鳳茶

樣標龍鳳號。題新賜得還。因作近臣烹。處豈期商嶺水。礙時空想建溪春。香于九晚芳蘭氣。圓如三秋皓

王禹偁

月輪。愛惜不嘗。惟恐盡。除將供養白頭親。

茶園十二韻

勸王修歲貢。晚駕過郊原。薇蕨共一園。芽新撐老葉。土軟迸新根。舌小侔黃雀。毛獰摘綠猿。

前人

出蒸香更別。入焙火微溫。探近桐華節。生無穀雨痕。緘縢防遠道。進獻趁頭番。待破華胥夢。先經閶闔門。

汲泉鳴玉甃。開宴壓瑤罇。茂育知天意。甄收荷主恩。沃心同直諫。苦口類嘉言。未復金鑾召。年年奉至尊。

丁　謂

北苑茶

北苑龍茶著。甘鮮的是珍。四方惟數此。萬物更無綸。吐微茫綠。初沾少許春。散尋縈樹偏。急採上山頻。

宿葉寒猶在。芳芽冷未申。茅茨溪上焙。籃籠雨中民。長疾勾萌坼。開齊分雨勻。帶煙蒸雀舌。和露疊龍鱗。

作貢勝諸道，先嘗祇一人。緘封瞻闕下，郵傳渡江濱。特旨留丹禁，殊恩賜近臣。啜將靈藥助，用與上尊親。投進英華盡，初烹氣味眞。細香勝卻麝，淺色過於筍。顧渚慚投木，宜都愧積薪。年年號供御，天產壯甌閩。

嘗茶次寄越僧皎　　林逋

白雲峯下兩槍新，膩綠長鮮穀雨春。靜試卻如湖上雪，對嘗兼憶劍中人。餅懸金粉師應有，筋點瓊花我自珍。清話幾時搔首後，願和松色勸三巡。

茶　　前人

石碓清飛瑟瑟塵，乳香烹出建谿春。世間絕品人難識，開對茶經憶古人。

和伯恭自造新茶　　余靖

郡庭無事卽仙家，野圃栽成紫筍茶。疎雨半晴回暖氣，輕雷初過得新芽。烘褫精謹松齋靜，採擷繁迂澗路斜。江水薄煎萍髣髴，越甌新試霅交加。

前人

一槍試焙春尤早，三盞搜腸句更嘉。多謝彩箋貽雅貺，想貧詩筆思無涯。

謝許少卿寄臥龍山茶　　趙抃

越芽遠寄入都時，酬倡珍誇互見詩。紫玉叢中觀雨腳，翠峯頂上摘雲旗。啜多思爽都忘寐，吟苦更長了不知。想到明年公進用，臥龍春色自遲遲。

心一堂　飲食文化經典文庫

雙井茶

歐陽修

西江水清江石老石上生茶如鳳爪。窮臘不寒春氣早雙井芽生先百草。白毛囊以紅碧紗十斤茶養一兩芽長安富貴五侯家一啜猶須三日誇寶雲日注非不精爭新棄舊世人情豈知君子有常德至寶不隨時變易君不見建谿龍鳳團不改舊時香味色

送龍井與許道人

前　人

潁陽道士青霞客來似浮雲去無蹤夜朝北斗太清壇不道姓名人不識我有龍團古蒼壁九龍泉深一百尺。憑君汲井試烹之不是人間香味色。

得雷太簡自製蒙頂茶

梅堯臣

陸羽舊茶經一意重蒙頂比來唯建谿鬪片敵湯餅顧渚及陽羨又復下越茗近來江國人鷹爪奈雙井凡今天下品非此不覽省蜀茗久無味聲名謾馳騁因雷與改造帶露摘芽穎自炙至揉焙入碾只俄頃湯嫩乳花浮香新舌甘永初分翰林公豈數博士冷醉來不知惜重思朋友義果決在勇猛條然乃於贈蠟囊收細梗呼嗟茗與鞭二物誠不幸我貧事事無得之似瘠瘦

呂晉叔著作遺新茶

前　人

四葉及三游共家原坂嶺歲摘建谿春爭先取晴景大窠有壯液所發必奇穎一朝團焙成價與黃金逞。

會待嘉客來佰談當盡永

呂侯得鄉人分贈我已幸其贈幾何多六色十五餅每餅包青箬紅籤纏素縈屑之雲零輕啜已神魄惺

　　李仲求寄建谿洪井茶七品云愈少愈佳未知嘗何如耳因儵而答之　　　　前　人

忽有西山使始遣七品茶末品無水暈六品無枕柤五品散雲脚四品浮粟花三品若瓊乳二品罕所加
絕品不可議甘草焉等差一日嘗六甌六腑無昏邪夜枕不得寐月樹聞啼鴉憂來惟覺衰可驗唯齒牙
勸搖有三四坊咀連左車髮亦足驚悚疏疏點霜華乃思平生遊但恨江路賒安得一見之貴泉相與誇

　　答建州沈屯田寄新茶　　　　　　　　　　　　　　　　　　　　　前　人

春芽礛白膏夜火焙紫餅價與黃金齊包開青箬整礛爲玉色塵遠汲盧底井一啜同醉翁思君聊引領

　　穎公遺碧霄峯茗　　　　　　　　　　　　　　　　　　　　　　　前　人

到山春已晚何更有新茶天寒始發芽採時林狖靜燕處石泉嘉持作衣囊祕分來五柳家

　　茶甖　　　　　　　　　　　　　　　　　　　　　　　　　　　　蔡　襄

造化曾無私亦有意所嘉夜雨作春力朝雲護日車千萬碧天枝戢戢抽靈芽

　　采茶　　　　　　　　　　　　　　　　　　　　　　　　　　　　前　人

春衫逐紅旗散入青林下陰崖喜先至新茁漸盈把競攜筍籠歸更帶山雲寫

心一堂　飲食文化經典文庫

造茶

爍玉寸陰間。搏金新範裏。規呈月正圓。勢動龍初起。出焙幽花全。爭誇火候是。

前人

試茶

兔毫紫甌新。蟹眼清泉煮。雪凍作成花。雲間未垂縷。願爾池中波去作人間雨。

前人

謝張和仲惠寶雲茶

故人有意真憐我。靈茉封題寄筆門。與療文園消渴病。還招楚客獨醒魂。烹來似帶吳雲腳。摘處應無穀

王令

雨痕果肯同嘗竹林下寒泉猶有惠山存。

寄周安孺茶

大哉天宇內。植物知幾族。靈品獨標奇。迥超凡草木。名從姬旦始。漸播桐君錄。賦詠誰最先。厥惟杜育。

蘇軾

唐人未知好。論著始於陸。常李亦清流。當年慕高躅。遂使天下士。嗜此偶於俗。豈但中土珍。兼之異邦鬻。

鹿門有佳士。博覽無不矚。邂逅天隨翁。篇章互賡續。開園頤山下。屏迹松江曲。有興即揮毫。燦然存簡牘。

伊余素寡愛。嗜好本不篤。粵自少年時。低回客京轂。雖非曳裾者。庇蔭或華屋。頗見綺紈中。齒牙厭粱肉。

小龍得屢試。糞土視珠玉。團鳳與葵花。碔砆雜魚目。貴人自矜惜。捧玩且緘櫝。未數日注卑。定知雙井辱。

於茲自研討。至味識五六。自爾入江湖。尋僧訪幽獨。高人固多暇。探究亦頗熟。聞道早春時。攜籯赴初旭。

熊蕃未破蕾，朵朵不盈掬。旋洗肉泉蒸，芳馨豈停宿。臾布輕縷火，候謹盈縮。不憚頃間勞，經時廢版蓄。

縣筒淨無染，箬籠勻且複。苦畏梅潤侵，暖須人氣煥。有如剛耿性，不受纖芥觸。又若廉夫心，難將腴面㣲稼濱。

晴天㣲虛府，石磑破輕絲。永日遇開䆉，乳泉發新馥。香濃奪蘭露，色嫩欺秋菊。閩俗競傳誇，膩面如粥。

自云葉家白，顏勝中山酥。好是一杯深，午寐春睡足。清風聲兩腋，去欲凌鴻鵠。嗟我樂何深，水經亦屢讀。

子咤中泠泉，次乃康王谷。蟆培頭曾嘗，瓻器走僮僕。如今老且懶，細事百不欲。美惡兩俱忘，誰能強追逐。

囊鹽拌白土，稍稍從吾蜀。尚欲外行體，安能徇心腹。由來薄滋味，口飯止脫粟。外慕既已矣，胡為此羈束。

何嘗較優劣，但喜破睡速。況此夏日長，人間正炎毒。八無一事，午飯飽蔬菽。困臥北窻風，微動窻竹。

昨日散幽步，偶上天峯麓。山圖正春風，蒙茸萬旗簇。呼兒為佳客，采製亦復。地僻誰我從，包藏置廚簏。

乳甌十分滿，人世真局促。意爽飄欲仙，頭輕快如沐。昔人固多癖，我癖良可贖。為問劉伯倫，然枕糟麴。

試院煎茶

前　人

蟹眼已過魚眼生，颼颼欲作松風鳴。蒙茸出磨細珠落，眩轉遶甌飛雪輕。銀瓶瀉湯誇第二，未識古人煎

水意。君不見昔時李生好客手自煎，貴從活火發新泉。又不見今時潞公煎茶學西蜀，定州花瓷琢紅玉。

我今貧病長苦飢，分為玉盌捧蛾眉。且學公家作茗飲，磚爐石銚行相隨。不用撐腸拄腹文字五千卷，但

願一甌常及睡足日高時。

月兔茶

環非環玦非玦。中有迷離玉兔兒。一似佳人裙上月。月圓還缺缺還圓。此月一缺圓何年。君不見鬪茶公
子不忍鬪小團。上有雙銜綬帶雙飛鸞。

和錢安道寄惠建茶

我官於南今幾時。嘗盡溪茶與山茗。胸中似記故人面。口不能言心自省。為君細說我未暇。試評其略差
可聽。建溪所產雖不同。一一天與君子性。森然可愛不可慢。骨清肉膩和且正。雪花雨腳何足道。啜過始
知真味永。縱復苦硬終可錄。汲黯少戇寬饒猛。草茶無賴空有名。高者妖邪次頑獷。體輕雖復強浮汎。性
滯偏工嘔酸冷。其間絕品豈不佳。張禹縱賢非骨鯁。葵花玉夸不易致。道路幽險隔雲嶺。誰知使者來自
西。開緘磊落收百餅。嗅香嚼味本非別。透紙自覺光烱烱。粃糠團鳳友小龍。奴隸日注臣雙井。收藏愛惜
待佳客。不敢包裹鑽權倖。此詩有味君勿傳。空使時人怒生癭。

和蔣夔寄茶

我生百事常隨緣。四方水陸無不便。扁舟渡江適吳越。三年飲食窮芳鮮。金齏玉膾飯炊雪。海螯江柱初
脫泉。臨風飽食甘寢罷。一甌花乳浮輕圓。自從捨舟入東武。沃野便到桑麻川。翦毛胡羊大如馬，誰記鹿
角腥盤筵。廚中蒸粟埋飯甕。大杓更取酸生涎。柘羅銅碾棄不用。脂麻白土須盆研。故人猶作舊眼看。謂

我好尚知當年。沙谿北苑強分別。水脚一線爭誰先清詩兩幅寄千里紫金百餅費萬錢吟哦烹唯兩奇

絕只恐像乞煩封裹老妻稚子不知愛一半已入羞煎人生所遇無不可南北嗜好知誰賢死生禍顧

久不擇更論甘苦爭嬋妍知君窮旅不自釋因詩寄謝聊相鑣

　魯直以詩饋雙井茶次其韻爲謝

前　人

江夏無雙種奇茗。汝陰六一誇新書磨成不敢付僮僕自看雪湯生璣珠列仙之儒癯不腴只有病渴同

相如明年我欲東南去蓴羹何妨宿太湖。

　送南屏謙師

前　人

道人曉出南屏山來試點茶三昧手忽驚午盞兔毛斑打作春甕鵝兒酒天台乳花世不見玉川風液今

安有先生有意續茶經會使老謙名不朽。

　怡然以垂雲新茶見餉報以大龍團仍戲作小詩

前　人

妙供來香積珍具大官揀牙分雀舌賜茗出龍團曉日雲菴暖春風浴殿寒聊將試道眼莫作兩般看

　惠山謁錢道人烹小龍團登絕頂望太湖

前　人

踏遍江南南岸山逢山未免更留連獨攜天上小團月來試人間第二泉石路縈迴九龍脊水光翻動五

湖天孫登無遇空歸去半嶺松聲萬壑傳。

次韻曹輔寄壑源試焙新茶　　前人

仙山靈雨濕行雲洗遍香肌粉未勻。明月來投玉川子清風吹破武林春。要知冰雪心腸好不是膏油首

面新。戲作小詩君莫笑從來佳茗似佳人。

汲江煎茶　　前人

活水還須活火烹自臨釣石汲深清。大瓢貯月歸春甕小杓分江入夜鐺。雪乳已翻煎處腳松風忽作瀉

時聲枯腸未易禁三盌臥聽山城長短更。

遊諸佛舍一日飲釅茶七盞戲書勤師壁。　　孔平仲

示病維摩元不病在家靈運已忘家何須魏帝一九藥且盡盧全七椀茶。

和子瞻煎茶　　蘇轍

年來病懶百不堪未廢飲食求芳甘煎茶舊法出西蜀水聲火候猶能諳相傳煎茶只煎水茶性仍存偏

有味君不見閩中茶品天下高傾身事茶不知勞又不見北方茗飲無不有鹽酪椒薑誇滿口我今倦遊

思故鄉不學南方與北方銅鐺得火蚯蚓叫匙腳旋轉秋螢光何時茅簷歸去炙背讀文字遣兒折取枯

竹女煎湯。

記夢迴文二首并序　　前人

十二月二十五日大雪始晴。夢人以雪水烹小團茶。使美人歌以飲余。夢中為作迴文詩。覺而記其一

句云。亂點餘花吐碧衫。意用飛燕故事也。乃續之為二絕句云。

酡顏玉盌捧纖纖。亂點餘花吐碧衫。歌咽水雲凝靜院。夢驚松雪落空巖。

空花落盡酒傾缸。日上山融雪漲江。紅焙淺甌新火活龍團小碾鬭晴窗。

靈山試茶歌　　　　　　　　陳　襄

乳源淺淺交寒石。松花墮粉愁無色。明皇玉女跨神雲。圖翦翦輕羅縷殘壁。我聞隔山二月春方歸。苦霧迷

天新雪飛仙鼠潭邊蘭草齊。霧芽吸盡香龍脂。轆轤繩細并花暖。香塵散碧瑠璃椀。玉川冰骨照人寒瑟

瑟祥風滿眼前。紫屏冷落沈水煙。山月堂軒金鴨眠。麻姑癡煑丹井泉。不識人間有上仙。

以雙井茶送子瞻　　　　　　黄庭堅

人間風日不到處。天上玉堂森寶書。想見東坡舊居士揮毫百斛瀉明珠。我家江南摘雲腴。落磑霏霏雪

不如為君喚起黄州夢。獨載扁舟向五湖。

謝送碾賜壑源揀芽　　　　　前　人

喬雲從龍小蒼壁。元豐至今人未識。壑源包貢第一春。細區碾香供玉食。睿思殿東金井欄甘露薦椀天

開顏橋山事嚴庀百局補衮諸公省中宿。中人傳賜夜未央。雨露恩光照宮燭。左丞似是李元禮好事風

流有澀渭肯懍天祿校書郎。親勅家庭遣分似。春風飽識太官羊不慣腐儒湯餅腸。搜攪十年燈火讀令

我骱中書傳香已戒應門老焉走客來問字莫載酒。

以小龍團及半挺贈無咎並詩用前韻為戲

我持元圭與蒼璧以暗投人渠不識城南窮巷有佳人。不索檳榔常晏食赤銅茗椀雨斑斑。銀粟翻光解

破顏上有龍文下棋局。擔囊贈金諾已宿此物已是元豐春先皇聖功調玉燭晃子骱中爛典禮平生自

期莘與渭故用澆君磊塊骱莫令鬢毛雪相似曲儿蒲團聽煮湯煎成車聲繞羊腸雞蘇故麻留渴羗不

應亂我官焙香肥如瓠壺鼻雷吼幸君飲此勿飲酒。

　　　　　　前　人

博士王揚休碎密雲龍同事十三人飲之戲作

矞雲蒼璧小盤龍賁包新樣出元豐王郎坦腹飯牀東太官分物來婦翁。棘圍深鎖武成宮談天進士雛

虛室鳴鳩欲雨喚雌雄南嶺北嶺宮徵同午窗欲眠視濛濛喜君開包碾春風注湯官焙香出籠非君灌

頂甘露椀幾為談天乾舌本。

　　　　　前　人

答黃冕仲索煎雙井並簡楊休

江夏無雙乃吾宗同令顏似王安豐能澆茗椀澖祓我。風袂欲挹浮丘翁吾宗落筆賞幽事秋月下照澄

江空家山鷹爪是小草敢與妍賜雲龍同不嫌水厄幸來辱寒泉湯鼎聽松風夜堂朱墨小燈籠惜無毯

纖來捧椀唯倚新詩可傳本。

謝王煙之惠茶

平生心賞建谿奉一丘風味極可人香包解盡寶帶胯黑面碨出明窻塵家園鷹爪致嗔冷官焙龍文常　前　人

食陳於公蔵取輕源足勿遣沙谿來亂真。

謝公擇舅分賜茶

外家新賜荅龍璧北焙風煙天上來明日蓬山破寒月先甘和夢聽春雷。　前　人

春同公擇作揀芽詠

赤囊歳上雙龍璧曾見前朝盛事來想得天香隨御所延春閣道轉輕雷。　前　人

咏茶

茶實嘉木英其香乃天育芳不愧杜衡清堪掩椒菊上客集堂葵圓月採匱蓋玉鼎注漫流金礫響杖竹。　秦　觀

侵尋發美鬯猗狔生乳粟經時不銷歇衣袂糝芬郁幸蒙中笥藏苦厭龍蘭續願君斥異類使我全芬馥。

次韻魯直謝李左丞送茶

都城米貴茗斗論璧長饑茗椀無從識道和何暇索檳榔慚愧雲龍羞肉食海嶠不作棚上春伐鼓驚　晁補之

出顏題封進御官有局夜行初不更驛宿冰融太液俱未知寒食新苞隨賜燭建安一水去兩水易較豈

如涩與渭左丞分送天上餘我試比方良有似月團清潤珍㝥羊葵花瑣細胃與腸可憐賦罷翠玉晚寧

憶睡餘雙井香大勝膠西蘇太守茶湯不美誇薄酒

魯直復以詩送茶云願君飲此勿飲酒次韻

前　人

相茶眞似石韞璧至精那可皮膚識溪芽不給萬口須往往山毛俱入食雲龍正用餉近班乞與鑱官試

覥顏崇朝一盌坐官局申旦形清不成宿平生樂此臭味同故人貽我情相燭黃侯發軔日千里收

駒自汧渭軍聲出鼎細九盤如此佳句誰能似邅試齊民蟹眼湯扶起醉頭渦腸顏類他時玉川子破

鼻竹林送信吾儕幽事動不朽但讀離騷可無酒

陸元鈞宰寄日注茶

我昔不知風雅頌草木獨遺茶比諷陋哉徐鉉說茶苦欲與淇園竹同種又疑禹漏稅九州橘柚常年錯

包貢腐儒安測聖人意遠物勞民亦安用含桃熟薦當在盤荔子生來枉飛鞚羊葅異好亦何有蚶菜殊

珍要非君家季疵眞禍首毀論徒勞世仍重爭新鬥試誇聱拂風俗移人可深痛老夫病渴手自煎嗜

晁沖之

好悠悠亦從衆更煩小陸分日注密封細字蠻奴送槍旗却憶探擷初雪花似是雲溪動更期遺我但敲

門玉川無復周公夢

簡江子之求茶

前　人

政和密雲不作團。小銙寸許芽龍蟠。金花絳囊如藏玉。綵面彷彿松髯寒。人間此品那可得三年間有終

未識老夫於此百不忙。飽食但苦夏日長北窗無風睡不解。齒頰苦澀思清涼故人新除協律郎交遊多

在白玉堂揀芽闘夸皆飲嘗幸爲傳餉李太府煩渠折簡買頭綱

謝人送鳳團及建茶　　韓駒

山瓶慣識露芽香。細翦勻排訝許方。猶喜晚途官樣在密羅深碾看飛霜。

飲修仁茶　　孫覿

煙雲吐長崖風雨暗古縣。竹輿頹兩肩弛擔息微倦茗飲初一嘗老父有芹獻幽姿絕媚嫵著齒得瞑眩。

昏昏嗜睡翁喚起風灑面。亦有不平心盡從毛孔散。

李茂嘉寄茶　　前人

攀珍分到謫仙家斷壁殘璋裹絳紗擬把金釵候湯眼不將白玉伴脂麻。

次韻劉升卿惠焦坑寺茶用東坡韻　　王庭珪

日出城門唑早鴉杖藜投足野僧家非關西寺鐘前飯要看南枝雪裏花玉局偶然留妙語焦坑從此貴

新茶劉郎寄我兼長句落筆更加錐畫沙。

初識茶花　　陳與義

伊軋籃輿不受催，湖南秋色更佳哉，青裙玉面初相識。九月茶花滿路開。

戲酬嘗草茶

慣看留客費瓜茶，政羨多藏不示夸。要使睡魔能偃草，肯慚歡伯解迷花，一旗但覺烹殊品，雙鳳何須覓

瑞芽。待摘家山供茗飲。與君盟約去驕奢。

答卓民表送茶

肺塵便欲乘風度芹水卻悲痩獪得君噴。

茶巖

搅雲飛雪一番新誰念幽人尚食陳努攜三生玉川子破除千餅建谿春喚回窈窈清都夢洗盡蓬蓬渴　　　朱　松

嚴下繞徑昨夜甫風爐瓦鼎一時來便將槐火煎嚴溜聽作松風萬壑迴。　　　　　　　　　　　　　羅　願

次韻王少府送焦坑茶

昏然午枕困漳濱醒以清風賴子真初似參禪逢硬語久如味諫得端人王程不趁清明宴野老先分浩　　　周必大

蕩春敢向柘羅誇綠玉待君回碾試飛塵。

胡邦衡生日以詩送北苑八銙日鑄二瓶　　　　　　　　　　　　　　　　　　　　　　　　　　　前　人

賀客稱觴鐵冠霞縣知酒渴正思茶尚書八餅分闥焙主簿雙瓶揀葉芽妙手合調金鼎鉉清風穩到玉

皇家明年勅使宣臺餉莫忘幽人賦葉嘉。

謝木韞之舍人分送講筵賜茶

楊萬里

吳綾縫囊染菊水燈塗印題進字淳熙錫貢新水芽。天珍誤落黃茅地。故人戀治紫薇郎。金華講徹花

草香宣賜龍焙第一綱殿上走趨明月瑤御前啜罷三危露滿袖香煙懷璧去。歸來拈出兩琬蜒雷鳴晦

冥驚破柱北苑龍芽內樣新銅圍銀範鑄瓊塵。九天寶月羅五雲玉龍雙舞黃金鱗老夫平生愛茗十

年燒穿折腳鼎下山汲井得甘冷上山摘芽得苦梗何曾夢到龍遊窠何曾夢喫龍芽茶故人分送玉川

子春風來自玉皇家鍛圭椎璧調冰水烹龍炮鳳搜肝髓石花紫笋可御官赤印白泥牛走爾放故人氣味

茶樣清故人丰骨茶樣明開緘不但似面叩之咳唾金石聲麴蘖勸人墮山幘睡遣我拋書冊老夫

七椀病未能一啜猶撐拄坐秋夕。

以六一泉煮雙井茶

前人

鷹爪新茶蟹眼湯松風鳴雷兔毫霜細烹六一泉中昧。故有焙翁句子香日鑄建谿當退舍落霞秋水渺

還鄉。何時歸上縢王閣自看風爐自煮嘗。

送新茶李聖俞郎中

前人

頭綱別樣建谿春小璧蒼龍浪得名細瀉谷簾珠顆露打成寒食杏花餳鷗斑椀面雲縈字兔褐甌心雪

作泓。不待清風生兩腋。清風先向舌端生。

舟泊吳江　　　　　　　　　　　　　　　前　人

江湖便是老生涯。佳處何妨且泊家。自汲淞江橋下水。垂虹亭上試新茶。

茶坂　　　　　　　　　　　　　　　　　朱　熹

攜籯北嶺西朶擷供茗飲。一啜夜窻寒。跐跥謝衾枕。

茶竈　　　　　　　　　　　　　　　　　前　人

仙翁遺石竈宛在水中央。飲罷方舟去茶烟裊細香。

香茶供養黃蘗長老悟公故人之塔并以小詩見意二首　前　人

攜手臨行一寄聲故應離合未忘情炷香淪茗知何處十二峯前海月明。一別人間萬事空。他年何處却

相逢。不須更話三生石紫翠參天十二峯。

賞茶　　　　　　　　　　　　　　　　　戴　昺

自汲香泉帶落花漫燒石鼎試新茶。絲陰天氣開庭院臥聽黃蜂報晚衙。

觀山茶過回龍寺示邦基　　　　　　　　　僧惠洪

北窻賞新晴睡美正清熟竹雞斷幽夢朦朧不能續臥聞故人家山茶已出屋欣然一命駕妍暖快僮僕。

千朵鶴頂紅。染此一叢綠。坐客例能詩。秀句抵金玉。攜過囘龍寺掃筆爲君錄。逸筆作波險攲斜不可讀。

坐驚般牀鐘暮色眩雙目入關更清與市非亂燈燭人生分萬途稱心良易足時平且行樂餘賓非所欲。

和僧逢原試茶連韻

前　人

霜須癭面豁齒牙門前小舟嘗自拿茅茨叢竹依颦畚君來遊時方採茶。傳呼部曲江路賒迎門顛倒披

裂衮仙風照人虔敬加秀如春露濕蘭芽和如東風吹奇葩馬蹄歸路衝飛花青松轉壑登龍蛇路人聚

觀不敢詳詩筒復背來山家想見戟門兵衞遮湘江玉礪無纖瑕但聞江空響釣車嗟予生計唯攪蝦安

識醉墨翻側麻喜如小兒抱秋瓜宣和官焙囊絳紗見之美如孃初爬愛客自試歡無涯身世都忘是長

沙院落日長蜂趁衙園林雨足鳴池蛙詩成句法規正邪細觀不容銖兩差逸羣翰墨爭傳誇坡谷非子

前身耶沉湘萬古一長嗟明年夜直趨東華應有佳句懷煙霞

與客啜茶戲成

前　人

道人要我賞溫山似識相如病裏顏金鼎浪翻螃蟹眼玉甌絞刷鷗鵝斑津津白乳衝眉上拂拂清風產

腋間喚起晴窗春晝夢絕憐佳味少人攀

食新茶

永　頤

自向山中汞泉石足幽弄茶經猶挂壁庭草積已衆拜先俄食新香凝雲乳勁心開神宇泰境豁謝幽夢。

至味延冥漠爽脫塵輕靜語生雲雷逸想超鸞鳳飽此巖壑真清風顧退送。

　　　　　　　　　　　　　　　　　　　　　　金吳激

偶成

蟹湯兒齋鬭旗槍風雨山中枕簟涼學道窮年何所得只工掃地與焚香。

夏至

玉堂睡起苦思茶別院銅輪碾露芽紅日轉堦簾影薄一雙蝴蝶上葵花。　　趙秉文

新樣團茶

春風傾倒在靈芽纔到江南百草花未試人間小團月異香先入玉川家。　　李俊民

茗飲

宿醒未破厭愁船紫笋分封入曉煎槐火石泉寒食後鬢絲禪榻落花前一甌春露香能永萬里清風意　　元好問

西域從王君玉乞茶因其韻七首

已便避遘華胥猶可到蓬萊未擬問羣仙。

　　　　　　　　　　　　　　元　耶律楚材

積年不啜建谿茶心竅黃塵塞五車碧玉甌中思雪浪黃金碾畔憶雷芽盧全七碗詩難得諗老三甌夢

亦賒敢乞君侯分數餅暫教清興遶煙霞。

厚意江洪絕品茶先生分出蒲輪茶雪花灔灔浮金蘂玉屑紛紛碎白芽破夢一杯非易得搜腸三椀不

能除瓊甌啜罷酬平昔飽看兩山插翠霞。

高人惠我嶺南茶爛賞飛花雪沒車玉屑三甌烹嫩藥青旗一葉碾新芽頓令衰叟詩魂爽便覺紅塵客

夢除兩腋清風生坐榻幽歡遠勝汎流霞。

酒仙飄逸不知茶可笑流涎見麴車玉杵和雲春素月金刀帶雨剪黃芽試將綺語求茶飲特勝春衫把

酒除啜罷神清淡無寐囂身世便雲霞。

長笑劉伶不識茶胡為買鍤謾隨車蕭蕭暮雨雲千頃穩穩春雷玉一芽建郡深甌吳地遠金山佳水楚

江除紅爐石鼎烹團月一椀和香吸碧霞。

枯腸搜盡數杯茶千卷胸中到幾車湯響松風三昧手雪香雷震一槍芽滿甖垂賜情何厚萬里攜來路

更除清興無涯騰八表騎鯨蹋破赤城霞。

啜罷江南一椀茶枯腸歷歷走雷車黃金小碾飛瓊屑碧玉深甌點雪篁陳陳兵詩思勇睡魔卷甲夢

魂除精神爽逸無餘事臥看殘陽補斷霞。

嘗雲芝茶

鐵色皴皮帶老霜含英咀美入詩腸舌根未得天眞味鼻觀先通聖妙香海上精華難品第江南草木屬

劉秉忠

尋常待將膚腠侵徹汗毛骨生風六月涼。

袁枚

煮茶圖序并

煮茶圖一卷仿石憨處州燕居故事所作也。石憨諱文卿字景賢外高祖忠定王曾孫儀淸朗超
然絕絕之習聚四方奇石築室曰山澤居而自號曰石憨山樵。此圖左列圖卷比束如箏錦繡間錯。
勞有一童出囊琴拂塵以俟命。右橫重屏石憨手執烏絲蘭書展覘疑有所構思屏後一几設茶器數
十一童傴僂運碾綠塵滿巾一童籌火候湯甃眉望鼎口若懼主人將索者如意塵尾巾壺硯紙皆緻
悉弊具羽衣烏巾玉色絢起望之真飛仙人余意永和諸賢放浪泉石當不過是而其泊然宦意翰墨
淸灑誠足以方駕而無媿甲午冬十月其孫公疇出以相示因記而賦之以發千古之遠想云。

石憨山樵晉公子獨鶴蕭蕭煙竹裏月湖一頭碧琉璃高樂盧堂水中泚堂深六月生涼秋萬柄風搖紅
旖旎邁南更有山澤居四面晴嵐插天倚憶昔王門豪盛時甲族丁黃總朱紫嬈黃閣袖香縻俯首脂
韋希雋美一官遠去長安門德色欣欣對妻子豈如高懷脫榮辱妙出淸言洗絏綺郡符一試不挂意岸
幘看雲臥林墅平生嗜著有癖古井汲泉和石髓風向翠碾落晴花湯鬱雲鐺衮珠蕊齒寒熏冷復三
咽萬事無言歸坎止何人丹青悟天巧落筆毫芒研妙理黃粱初炊夢未古舊事淒零誰復記展圖縹紗
憶遺蹤玉珮珊珊響秋水。

題蘇東坡墨蹟

老却眉山長帽翁。茶烟輕颺鬢絲風。錦囊舊賜龍團在。誰為分泉落月中。

元統乙亥余除閩憲知事末行立春十日參政許可用惠茶寄詩以謝

薩都剌

春到人間纔十日東風先過玉川家紫薇書寄斜封印黃閣香分上賜茶秋露有聲浮椀葉夜牕無夢到

梅花清風兩腋歸何處直上三山看海霞。

雲煎茶

謝宗可

夜攪寒英煮綠塵。松風入鼎更清新。月團影落銀河水。雲腳香融玉樹春。陸井有泉應近俗。陶江無酒未

為貧詩脾奪盡豐年瑞分付蓬萊頂上人。

貢士茶歌

洪希文

論茶自古稱壑源品水無出中濡泉莆中苦茶出土產鄉味自汲井水煎器新火活清味永且從平地休

登仙玉侯第宅圖絕品攜分不到山翁前臨風一啜心自省此意莫與他人傳

土銼茶煙

李謙亨

熒熒石火新濕濕山泉洌汲水煮春芽清煙半如滅香浮石鼎花淡鎖松牕月隨風自悠揚縹緲林梢雪

茶竈石

蔡廷秀

仙人應愛武夷茶旋汲新泉煮嫩芽啜罷邅巒歸洞府空餘石竈鎖煙霞。

龍門茶屋圖

倪瓚

龍門秋月影茶屋白雲泉不與世人賞瑤草自年年上有天池水松風舞漪漣何當躡飛鳧去采池中蓮。

煮茗軒

謝應芳

聚蚊金谷任葷羶煮茗留人也自賢三百小團陽羨月尋常新汲惠山泉星飛白石罋敲火煙出青林鶴上天午夢覺來湯欲沸松風初響竹爐邊。

竹爐

馬臻

竹爐西日晚來明桂子香中鶴夢清侍立小童開不動蕭蕭石鼎煮茶聲。

綠爐詩

孫淑

小閣烹香茗疎簾下玉鉤燈光翻出鼎釵影倒沈甌婢捧消春困親嘗散莫愁吟詩因坐久月轉晚粧樓。

采茶詞

明　高啓

雷過溪山碧雲暖幽叢半吐槍旗短銀釵女兒相應歌筐中摘得誰最多歸來清香猶在手高品先將呈太守竹爐新焙未得嘗籠盛販與湖南商山家不解種禾黍衣食年年在春雨。

過山家

前人

流水聲中緯緯車板橋春暗樹無花風前何處香來近隔崦人家午焙茶。

送翰林宋先生致政歸金華　　　　　　　　　　　孫　蕡

紅輕金帶荔枝花三品詞林內相家歸去山中無個事瓦瓶春水自煎茶。

白雲泉煮茶　　　　　　　　　　　　　　　　　韓　奕

白雲在天不作雨石罅出泉如五乳追尋能自遠師來題詠初因白公語山中知味有高禪採得新芽社

雨前欲試點茶三昧手上山親汲雲間泉物品由來貴同性骨清肉膩味方永客來如解喫茶去何俟

人塵夢醒。

送茶僧　　　　　　　　　　　　　　　　　　　陸　容

江南風致說僧家石上清香竹裏茶法藏名僧知更好香烟茶暈滿袈裟。

煎茶圖　　　　　　　　　　　　　　　　　　　徐禎卿

惠山秋淨水泠泠煎具隨身挈小瓶欲點雲腴還按法古藤花底閱茶經。

秋夜試茶　　　　　　　　　　　　　　　　　　前　人

靜院涼生冷燭花風吹翠竹月光華悶來無伴傾雲液銅葉閒嘗紫筍茶。

是夜酌泉試宜興吳大本所寄茶　　　　　　　　　文徵明

一醉思雲乳不能眠活火沙餅夜自煎白絹旋開陽羨月竹符新調惠山泉地爐殘雪貧陶穀破屋清風病

玉川莫道年來塵滿腹。小臆寒夢已醒然。

和茅孝若試吶茶歌兼訂分茶之約

汪道會

昔聞神農辨茶味。功調五臟能益思北人重酪不重茶。遂令齒頰饒羶氣。江東顧渚擅名會稽靈芽稱

日鑄松羅晚歲出吾鄉幾與虎邱爭市利評者往往為吳興清虛談穆有幽致去年春盡客西冷茅君遺

我所一器更寄新篇賦岕歌蠅頭小書三百字為言明月峽中生洞山廟後皆其次終朝采擷不盈筐阿

顏手澤柔荑焙急然石鼎甌惠泉湯響如聆松上吹須臾縹碧泛瓷甌蓊然鼻觀微芳注金甖晨露碎可

方玉泉寒冰詎能配頓浣枯腸淨掃愁乍消塵慮醒睡眠因知品外貴希夷芳馨郁郁均非至陸羽細碎

搏紫芽烹點雖佳失真意常笑今人不如古此事令人信超詣馮公已死周郎在當日風流猶未墜之

良友吳與臧可能不為茲山誌嗟予耳目日漸衰老失聰明慚智慧君能歲贈葉千片我報陰麑當十劑

涼飇杖策尋黃山倘過陸家茶酒會。

贈歐道士賣茶

施漸

靜守黃庭不煉丹因貧却得一身閒自看火候蒸茶熟野鹿銜筐送下山。

某伯子惠虎丘茗謝之

虎丘春茗妙烘蒸七椀何愁不上升青箬舊封題穀雨紫砂新罐買宜興却從梅月橫三弄細攪松風爐

一燈合向吳儂彤管說好將書上玉壺冰。

雨後過雲公問茶事

雨洗千山出氣氤綠滿空開門飛燕子吹面落花風野色行人外經聲流水中因來問茶事不覺過雲東。　　居節

題唐伯虎烹茶圖爲喻正之太守三首

太守風流嗜酪奴行春常帶煮茶圖圖中傲吏依稀似紗帽籠頭對竹爐。

靈源洞口採旗槍五馬來乘穀雨嘗從此端明茶譜上又添新品綠雲香。

伏龍十里盡香風正近吾家別墅東他日千旄能見訪休將水厄笑王濛。　　王穉登

幕春偶過山家

山村處處採新茶一道春流遶幾家石徑行來微有跡不知滿天是松花。　　吳兆

題詩經室

池邊木筆花新吐牕外芭蕉葉未齊正是欲書三五偈煮茶香過竹林西。　　僧得祥

詞

品令　茶詠

　　　　宋　黃庭堅

鳳舞團團恨分破。教孤另金渠體淨雙輪慢礙。玉塵光瑩湯響松風早減二分酒病。　味濃香永醉鄉

路成佳境恰如燈下故人萬里歸來對影口不能言心下快活自省。

一舸珠 題前

紅牙板歌韻聲斷六雲初徹小槽酒滴真珠竭紫玉甌圓淺浪泛春雲。　香芽嫩茶清心骨醉中襟景與

天闊夜闌似覺歸仙闕走馬章臺踏碎滿街月。

前　人

阮郎歸 題前

躍金鞍歸時人倚闌。　雲浪淺露珠圓捧甌春笋寒絳紗籠下

前　人

前調煎茶

歌停檀板舞停鸞高陽飲與闌歌烟噴盡玉壺乾香分小鳳團。　歸去後憶前歡盡屏金博山一杯春露

前　人

烹茶留客駐金鞍月斜聰外山見郎容易別郎難有人愁遠山。

莫留殘與郎扶玉山。

解語花 題美人捧茶

明　王世貞

中冷乍汲穀雨初收寶鼎松聲細柳腰嬌倚熏籠畔闘把碧旗碾試蘭芽玉藥勾引出清風一縷翠蛾

斜捧金甌睞送春山意，微裊露甖雲鬟瑞龍涎尤自沾戀纖指流鶯新脆低低道卿酒可醒還起雙聲

小婢越顯得那人清齎臨飲時須索先嘗添取櫻桃味。

前調　題前

王世懋

春光欲醉午睡難醒。金鴨沈煙細。畫屏斜倚銷魂處。漫把鳳團剖試雲翻露蕊早碾破愁腸萬縷傾玉甌。

徐上閒堦有個人如意。堪愛素甆小盞向璃芽相映寒透纖指柔鶯聲脆香飄動喚卻玉山扶起銀瓶。

小婢偏點綴幾般佳麗憑陸生空說茶經何似儂家味。

蘇幕遮　題夏景茶

前人

雙鬟喚覺江郎起。一片金波誰得似半入松風半入丁香味。

竹牀涼松影碎沈水香消尤自貪殘睡。無那多情偏著意碧碾旗槍玉沸中泠水。　捧輕甌沾弱醱色授

百字令　穀雨試茶

黃遠昌

春風著意助才華又有一番新致花褪殘紅添綠葉正是困人天氣燕尾翻鸞鶯喉宛轉糚點遊春記此

時此景誰念孤清風味。幸有翠葉初抽瓊枝細碾竹裏爐聲沸謖謖松風多逸興諒亦覚家不試雅沁

詩脾幽來琴韻更浣愁人胃名花美酒于中作何位置。

選句

唐李嘉祐晚秋招隱寺東峯茶宴詩。萬畦新稻傍山村。數里深松到寺門。幸有香茶留釋子不堪秋草送王孫。

嚴維奉和獨孤中丞游雲門寺詩異跡焚香對，新詩酌茗論。

陸羽六羨歌。不羨黃金罍不羨白玉杯。不羨朝入省不羨暮入臺千羨萬羨西江水。曾向竟陵城下來。

于鵠贈李太守詩攜茶書院靜講易藥堂春。

劉禹錫送蘄州李郎中赴任詩菁葉照人呈夏簟松花滿椀試新茶。

張籍贈合少府詩爲客燒茶竈教兒掃竹庭。

姚合宿友人山居詩摘花浸酒春愁盡燒竹煎茶夜臥遲。

章孝標方山寺松下泉詩野客偷煎茗山僧惜淨牀又 送饒州張蒙使君赴任詩日暖持筐依茗樹天陰

抱火入銀坑。

杜牧題禪院詩茶煙輕颺落花風。

許渾送人歸吳興詩春橋懸酒幔夜柵集茶檣。

喻鳧送潘咸詩蒙茗間茶味常風看鴈行。

薛能閑居新雪詩茶興留詩客瓜情想戍人又 寄終南山隱者詩飯後嫌身重茶中見鳥歸。

温庭筠宿一公精舍詩茶爐天姥客。碁席剡溪僧。又贈隱者詩採茶樹綠。養藥石泉淸。

鄭愚茶詩嫩芽香且靈吾謂草中英日和煙搗寒爐對雪烹惟憂碧粉散常見綠花生。

司空圖重陽日訪元秀上人詩別�́長懷吳寺壁宜茶偏賞霅溪泉。

方干山中言事詩日與村家事漸同燒畬掇茗學隣翁又初歸鏡中寄陳端公詩雲鳥採茶常失路雪罏

中酒不開扉。

鄭谷題興善寺詩蘚侵畫暗茶助越甌深。又寧中偶題詩亂飄僧舍茶烟濕密邇高樓酒力微。

曹松山中寒夜呈進士許棠詩讀易明高燭煎茶取折冰。

李洞贈昭應沈少府詩華山僧別留茶鼎渭水人來鎮釣船又寄淮海慧澤上人詩他日顧師容一榻煎

茶掃地習忘機。

釋無可送鄂錫及第歸湖州詩橋靑逃暑茶長隔湖溪。

皎然陪盧判官水堂夜宴詩愛君高野意烹茗醉淪漣。

宋魏野書友人屋壁詩洗硯魚吞墨烹茶鶴避煙。

黃庭堅新喩道中寄元明詩喚客煎茶山店遠看人秋稻午風涼。

張載登成都樓詩芳茶冠大淸溢味播九區。

元長憲送哲古心往吳江報恩寺詩花雨隨風散烟隔竹消。

周砥玉山草堂詩細雨茶烟淸晝遲。

謝應芳煑茗軒詩三百小團湯羨月尋常新汲惠山泉。

明周憲王有燉詩消愁茶煑雙團鳳縈恨香盤九篆龍。

詹同寄方壺道人詩臥雲歌酒德對雨著茶經。

高啟送董湖州詩山籠輸茶至溪船摘茭行又臨頓里詩縠雨收茶早梅天曬藥忙。

楊基卽景詩小橋小店沽酒新火新烟煑茶又春江對雪詩莫煑淸貧學士茶又立夏前一日詩蠶熟新絲後茶香煑酒前。

徐賁題周伯陽所居詩花盡繰收密烟生正培茶。

魏觀寧國溪上詩鼎沸茶初煑爐香粟自煨。

陳汝言睡起詩漠漠茶烟當戶起丁丁樵響隔林聞王彝鄞江漁者歌。明朝擬入五湖裏且載茶甌尋鴟夷。

韓奕白雪泉煑茶詩山中知味有高禪采得新芽社雨前欲試點茶三昧手上山親汲雲間泉又山院詩。

入社陶公寧止酒品泉陸子解煎茶。

陳憲章南歸途中先寄諸鄉友詩酒爲老夫開甕茗和春露摘旗槍。

魏時敏殘年舊事詩待到春風二三月石罏敲火試新茶。

陸容送茶僧詩石上清香竹裏茶。

馬中錫早春自述詩一碗午茶慶醉北半溪春水帶愁東。

邵寶病起山行詩漫道坐來多渴思一茶還待老僧還又寒日懷臥雲上人詩載酒定須三宿返送茶時

復一僧來。

顧清北野同南村訪北花園廢址詩消憂滿貯北海酒破悶亦有南山茶。

唐寅題畫詩春風修禊憶江南酒榼茶鑪共一擔。

王守仁登戀盧閣和石少宰韻松間鳴瑟驚樓鶴竹裏茶烟起一僧。

浦瑾詩陽羨紫茶團小月江白苧剪輕霜又開居漫與詩草堂幽事許誰分石鼎茶烟隔戶聞。

文徵明初夏次韻答石田先生詩方牀睡起茶烟細矮紙詩成小草斜又初夏到遣與詩小甃團扇春寒

盡竹榻茶杯午困醒又雪夜鄭太后送惠山泉詩青箬小壺冰共裹寒燈新茗月同煎又酌泉試宜興吳

大本所寄茶詩醉思雪乳不能眠活火沙缾夜自煎白絹旋開陽羨月竹符新調惠山泉又與次明道復

汎舟出江村橋飲白雪亭詩殘酒未醒春困劇汲澗聊試雨前茶又過道復東堂時雨後牡丹狼籍存葉

底一花。感而賦詩矮紙凝霜供小草淺甌吹雪試新茶。又夏日閒居詩羽扇茶甌共晚涼。

蔡羽與陸無羨宿資慶寺詩春隨落花去人自探茶忙。

徐渭謝惠虎丘茗詩虎丘春茗妙烘蒸七椀何愁不上升。

王穉登題唐伯虎烹茶圖為喩正之太守詩太守風流嗜酪奴行春常帶煮茶圖。又靈源洞口探旗槍五

馬來乘轂雨嘗。

黃居中有渚軒宴集詩茗渚抽煙鳥報春。

袁宏道皇甫仲璋邀飲惠山詩白石青松如畫裏臨流乞得惠泉茶。又正月四日張次公先生過遇琴館

留宿對雪卽事詩松蘿頻潑小春茶。

吳兆法海寺詩烟起炊茶籠聲聞汲井甌。

吳鼎芳寄趙凡夫詩十里寒山路香風正探茶。又前溪詩何處茶烟起漁舟繫竹西。

方登自述詩山雲茶屋暖海月竹牕盧。

釋良琦莫春雍熙寺訪沈自誠不遇詩爐存散徵篆茗熟獨成掛。

德祥許起宗見過詩雨氣來山北茶香過竹西。又春雪有懷湛然禪師詩寂寞南山下茶烟出樹林。又竹

亭詩花塢安釣艇蕉地著茶甁。

維則山居四景詩。茶罷焚香獨坐時。

道衍茶軒詩。晴旭曉微烘。遊蜂掠芳藥。瀹香勻密露。繁艷照煙水。

宗林題鐘欽禮所畫雪山江水隱者圖詩道人家住中峯上時有茶烟出薜蘿。

第三輯　故事

方法

李約

兵部員外郎李約，天性嗜茶飮自煎謂人曰：『茶須緩火炙活火煎；』活火謂炭火之焰者也客至不限甌數竟日執持茶器不倦曾奉使行至陝州硤石縣東愛渠水清流旬日忘返。（因話錄）

陸鴻漸

陸鴻漸探越江茶，使小奴子看焙。奴失睡，茶燋爍，鴻漸怒以鐵繩縛奴投火中。（雲仙雜記）

陸鴻漸

楚人陸鴻漸爲茶論，幷煎炙之法造茶具二十四事以都統籠貯之。常伯熊者因廣鴻漸之法伯熊飮茶過度遂患風氣或云北人未有茶多黃病後飮病多腰疾偏死。（續博物志）

煎茶加酥椒

德宗好煎茶加酥椒之類李泌戲曰：『旋末翻成碧玉池，添酥散作琉璃眼。』（事詞類奇）

　　饌茶

饌茶而幻出物象於湯面者，茶匠通順之藝也。沙門福全生於金鄉，長於茶海，能注湯幻茶，成一句詩共點四甌，共一絕句，泛乎湯表。小小物類唾手辦耳。（清異錄）

　　朱蒙

朱蒙，字昧之，別性桂精茶理。先是，岕山茶葉，俱用柴焙，蒙易以炭，益香冽；又創諸製法，茶遂推岕山第一。今山中肖像祀，每開園日必先祭蒙，其書法亦名家。（太倉州志）

　　茶百戲

茶至唐始盛，近世有下湯運匕別施妙訣，使湯紋水脈成物象者禽獸蟲魚花草之屬，纖巧如畫，但須臾卽就散滅，此茶之變也，時人謂之茶百戲。（清異錄）

　　漏影春

漏影春法用鏤紙貼盞，糝茶而去紙，僞爲花身，別以荔肉爲葉，松實鴨腳之類珍物爲藥，沸湯點攪。（清異錄）

　　藝茶

藝茶欲茂，法如種瓜，三歲可采。野者上，園者次；陽崖陰林，紫者上，綠者次；筍者上，芽者次；捲者上，舒者次。

（六一集）

用薑

唐人煎茶用薑，故薛能詩云：「鹽損添常戒，薑宜著更誇。」據此，則又有用鹽者矣。近世有用此二物者，輒大笑之。然茶之中等者若用薑煎信佳也，鹽則不可。（東坡志林）

瀹茶

余同年李南金云：「茶經，以魚目湧泉連珠，為煮水之節。然近世瀹茶，鮮以鼎鑊，用瓶煮水，難以候視，則當以聲辨一沸二沸三沸之節。」又陸氏之法，以未就茶鑊，故以第二沸為合量而下未，若以今湯就茶甌瀹之，則當用背二涉三之際為合量乃為聲辨之。詩云：「砌蟲唧唧萬蟬催，忽有千車捆載來，聽得松風並澗水，急呼縹色綠瓷杯」其論固已精矣。然瀹茶之法湯欲嫩而不欲老，蓋湯嫩則茶味甘老則過苦矣若聲如松風澗水而遽瀹之，豈不過於老而苦哉惟移瓶去火，少待其沸止而瀹之，然後湯適中而茶味甘此南金之所未講者也因補以一詩云：「松風檜雨到來初急引銅瓶離竹爐待得聲聞俱寂後，一甌春雪勝醍醐。」（鶴林玉露）

煎法

茶即藥也煎服則去滯而化食以湯點之，則反滯膈而損脾胃蓋市利者多取他葉，雜以為末人多忘於

煎服宜有害也。今法采芽或用碎璧以活水煎之，飲後必少頃乃服。坡公詩云：「活水須將活火烹；」又

云：「飯後茶甌未要深」此煎之法也。陸羽亦以江水為上山與井俱次之今世不惟不擇水具又入鹽

及茶果殊失正味不知唯蔥去昏梅去倦，如不昏不倦亦何必用古人之嗜茶者，無如玉川子未聞煎歟。

如以湯點則安能及七碗乎。山谷詞云：「湯響松風早減了七分酒病」倘知此味，「口不能言，心下快

活自省」之禪遠矣。（山家清供）

蓮花茶

蓮花茶：就池沼中早飯前日初出時，擇取蓮花蕊略破者以手指撥開入茶滿其中，用麻絲縛紮定，經一

宿明早蓮花摘之取茶紙包曬，如此三次錫罐歷紮口收藏。（雲林遺事）

藏法

徐茂吳云：藏茶法實茶大甕底，置箬封固倒放，則過夏不黃以其氣不外泄也。子晉云常倒放有蓋缸內，

缸宜砂底則不生水而常燥時常封固不宜見日見日則生翳損茶性矣藏又不宜熱處新茶不宜驟用，

過黃梅其味始佳（快雪堂漫錄）

炒茶并藏法

鍋令極淨，茶要少火要猛，以手拌炒令軟潔，取出攤匾中，略用手揉之。揉去焦梗冷定復炒，極燥而止不

得便入瓶置淨處，不可近濕。一二日再入鍋炒令極燥，攤冷先以瓶用湯煮過烘燥，燒栗炭透紅投瓶中

覆之，令黑去炭及灰，入茶少分，投入冷炭將滿實宿箬葉封固厚，用紙包以燥淨無氣味磚石壓之置透

風處，不得傍牆壁及泥地。如欲頻取宜用小瓶。（快雪堂漫錄）

處理得宜

採茶欲精，藏茶欲燥，烹茶欲潔。

茶見日而味奪，墨見日而色灰。

品茶：一人得神二人得趣三人得味，七八人是名施茶。（岩棲幽事）

琉球烹茶

琉球亦曉烹茶，設古鼎于几上，水將沸時，投茶末一匙，以湯沃之，少頃奉飲，味甚清。（太平清話）

馮先生

馮開之先生喜飲茶，而好親其事，人或問之，答曰：『此事如美人，如古法書畫豈宜落他人手！』聞者嘆

美之。然先生對客談輒不止童子滌壺以待，會盛談未及著茶時傾白水而進之先生未嘗不欣然自謂

得法，客亦不敢不稱善也世號「白水先生」云（梅花草堂筆談）

煎茶

童子鼻鼾故與茶聲相宜。水沸聲喧，致有松風之嘆。夢眼特張，沫濺灰怒，亦是煎茶蹭蹬舟中書。（梅花草堂筆談）

品茶

古人論茶事者無慮數十家。若鴻漸之經，君謨之錄，可謂盡善。然其時法用熟碾，爲丸爲挺，故所稱有龍鳳團密雲龍瑞雲翔龍。至宣和間，始以茶色白者爲貴，漕臣鄭可聞，始創爲銀絲冰芽，以茶剔葉取心，清泉漬之，去龍腦諸香，惟新跨小龍蜿蜒其上，稱龍團勝雪，當時以爲不更之而吾朝所尚又不同，其烹試之法亦與前人異。然簡便異常天趣悉備可謂盡茶之真味矣。至於洗茶候湯擇器皆各有法甯特言烏府雲屯苦節建城等目而已哉（長物志）

岕

浙之長與者佳價亦甚高，今所最重。荊溪稍下。採茶不必太細，細則芽初萌而味欠足。不必太青，青則茶已老而味欠嫩惟成梗帶葉絲色而團厚者爲上不宜以日晒炭火焙過扇冷以箬葉襯罌貯高處蓋茶最喜溫燥而忌冷溼也。（長物志）

洗茶

心一堂　飲食文化經典文庫

228

先以滾湯候少溫洗茶，去其塵垢，以定碗盛之，俟冷點茶，則香氣自發。（長物志）

候湯

緩火炙，活火煎。活火謂炭火之有焰者。始如魚目為一沸，緣邊泉湧為二沸，奔濤濺沫為三沸。若新火方交水釜纔熾急取旋傾，水氣未消謂之嫩若水踰十沸湯已失性謂之老皆不能發茶香。（長物志）

古茶

古時之茶曰煮曰烹曰煎須湯如蟹眼茶味方中。今之茶惟用沸湯投之，稍着火即色黃而味澀，不中飲矣。迺知古今之法亦自不同也。（廣陽雜記）

以花點茶

花點茶之法以錫瓶置茗，雜花其中，隔水煑之，一沸即起，令乾將此點茶，則皆作花香；梅、蘭、桂、菊、蓮、茉莉、玫瑰、薔薇、木樨、橘諸花皆可。諸花開時摘其半含半放之蕊，其香氣全者，量茶葉之多少以加之，花多則太香而分茶韻花少則不香而不盡其美必三分茶葉一分花而始稱也。（清稗類鈔）

梅花點茶

梅花點茶者梅將開時，摘半開之花，帶蒂置於瓶，每重一兩，用炒鹽一兩酒之，勿用手觸，必以厚紙數重，密封之置陰處，次年取時先置蜜於盞，然後取花二三朵，沸水泡之，花頭自開而香美。（清稗類鈔）

蓮花點茶

蓮花點茶者以日未出時之半含白蓮花撥開放細茶一撮納滿蕊中，以麻皮略繫令其經宿；明晨摘花，傾出茶葉用建紙包茶焙乾，再如前法隨意以別蕊製之，焙乾收用（清稗類鈔）

茉莉花點茶

茉莉花點茶者以熟水半杯候冷，鋪竹紙一層，上穿數孔，日暮採初開之茉莉花，綴於孔上用紙封，不令泄氣，明晨取花簪之，水香可點茶。（清稗類鈔）

玫瑰花點茶

玫瑰花點茶者取未化之燥石灰研碎鋪罎底隔以兩層竹紙罩花於紙，封固，俟花間溼氣盡收極燥，取出花置之淨罎以點茶香色絕美。（清稗類鈔）

桂花點茶

桂花點茶法與上同。（清稗類鈔）

香片茶

茶葉用茉莉花拌和而窨藏之，以取芳香者謂之香片然羣芳譜云：上好細茶忌用花香，反奪眞味，是香片在茶中實非上品也。然京津閩人皆嗜飲之。（清稗類鈔）

馮正卿論烹茶

馮正卿名可賓，益都人，明湖州司理，入國朝隱居不士；嗜茶曾著岕茶牋，其論烹茶云：先以上品泉水滌烹器，務鮮粉潔，次以熱水滌茶葉，水不可太滾滾則一滌無餘味矣。以竹筯夾茶於滌器中反復滌蕩去塵土黃葉老梗使淨以手搦乾置滌器中蓋定少頃開視色靑香烈急取沸水潑之夏則先貯水而後入茶葉冬則先貯茶葉而後入水。

飲茶之所宜者一無事二佳客三幽坐四吟詩五揮翰六徜徉七睡起八宿醒九清供十精舍十一會心，十二賞鑒十三文僮。

飲茶亦多禁忌一不如法二惡具三主客不韻，四冠裳苛禮，五葷肴雜陳六忙宂，七壁間案頭多惡趣。

〔清稗類鈔〕

馮正卿嗜飲岕茶

飲岕茶者壺以小爲貴每一客，則一壺，任其自斟自飲，方爲得趣蓋壺小則香不渙散，味不耽閣。况茶中香味不先不後只有一時太早則未足太遲則已過見得恰好一瀉而盡化而裁之存乎其人施於他茶，亦無不可。此馮正卿之言也。〔清稗類鈔〕

楊道士善煮茶

231

平湖道士楊某善煑茶，其術取片紙以�+ 書符入爐焚之，紅光爛然，筆畫都成烈火，比移鐺，即作松風聲，旋作蟹眼沸矣，客或不知者曰勿煩再煑則火頤熄（清稗類鈔）

　　孝欽后飲茶

宮中茗盌以黃金爲托白玉爲盌。孝欽后飲茶喜以金銀花少許入之，甚香。（清稗類鈔）

　　工夫茶

閩中盛行工夫茶，粵東亦有之，蓋閩之汀漳泉，粵之潮，凡四府也烹治之法，本諸陸羽茶經，而器具更精。爐形如截筒，高約一尺二三寸，以細白泥爲之。壺出宜興者爲最佳，圓體扁腹，努嘴曲柄，大者可受半升許。所用盃盤多爲花瓷，內外寫山水人物，極工緻，類非近代物。爐及壺盤各一，惟盃之數，則視客之多寡。盃小而盤如滿月，有以長方磁盤置一壺四盃者，且有壺小如拳、盃小如胡桃者。此外尙有瓦鐺棕墊紙扇竹夾，製皆樸雅。壺盤與盃舊而佳者。先將泉水貯之鐺用細炭煎至初沸，投茶於壺而冲之，蓋定復傾澆其上，然後斟而細呷之。其餉客也，客至將嗳茶則取壺，先取凉水漂去茶葉塵滓，乃撮茶葉置之壺滿沸水旣加蓋乃取沸水徐淋壺上，俟水將滿盤覆以巾久之，始去巾注茶盃中奉客，客必銜盃玩味若飲稍急主人必怒其不韻也。

閩人邱子明篤嗜之，其法先置玻璃甕於庭，經月輒汲新泉水滿注一甕烹茶一壺越宿卽棄之，別汲以

注第二甕。侍僮數人，供爐火爐以不灰木製之，架無煙堅炭於中，有發火機以器焠之，熾矣壺皆宜與砂質每茶一壺需爐銚三。湯初沸爲蟹眼，再沸爲魚眼，至聯珠沸而熟，湯有功候過生則嫩過熟則老，必如初寫黃庭恰到好處其烹茶之次第，第一銚水熟注空壺中盪之潑去第二銚水已熟預置酌定分兩之葉於壺注水以蓋覆之置壺於銅盤中第三銚水又熟從壺頂灌其四周茶香發矣注茶以甌甚小客至，餉一甌令其沿滴而呷嚼之若能陳說茶之出處功劾則更烹尤佳者以進。（清稗類鈔）

茗飲時食鹽薑菜菔

長沙茶肆凡飲茶者旣入座茶博士卽以小碟置鹽薑菜菔各一二片以餉客於茶貲之外必別有所酬。

又有以鹽薑豆子芝蔴置於中者曰芝蔴豆子茶。（清稗類鈔）

茗飲時食餚

鎭江人之啜茶也，必佐以餚，餚卽饌也凡饌皆可曰餚，而此特假之以爲專名餚以豬豚爲之，先數日漬以鹽，使其味略鹹色白如水晶切之成塊，於茗飲時佐之甚可口不覺其有脂肪也。（清稗類鈔）

茗飲時食乾絲

揚州人好品茶清晨卽赴茶室枵腹而往，日將午始歸就午餐。偶有一二進點心者，則茶癖猶未深也。蓋

揚州啜茶，例有乾絲以佐飲，亦可充飢乾絲者，縷切豆腐乾以為絲，燴之，加蝦米於中，調以醬廳油也。

食時蒸以熱水得不冷。（清稗類鈔）

水泉

陸羽

陸龜蒙嗜茶，置園顧渚山下歲取租茶，自判品第。張又新為冰說七種，其二惠山泉；三虎丘井六松江人

助其好者雖百里為致之。（唐書隱逸傳）

陳知新

陳知新以朝散大夫知州事，始歐陽至滁，得醴泉於醉翁亭東南，一日讌寮佐，有獻新茗者，公敕汲泉淪之，汲者道仆覆水偽汲他代之，乃得泉幽谷山下名曰豐樂作亭其上其好奇如此。（滁州志）

七寶泉

光祿徐達左構養賢樓于鄧尉山中，一時名士多集于此，雲林為猶數焉。嘗使童子入山擔七寶泉以前桶煎茶，後桶濯足。人不解其意。或問之曰：『前者無觸故用煎茶，後者或為洩氣所穢故以為濯足之用耳』。（駒陰冗記）

活水

東坡汲江水煎茶詩云：「活水還須活火烹，自臨釣石取深清。大瓢貯月歸春甕，小杓分江入夜瓶」此詩奇甚，道盡烹茶之要，且茶非活水則不能發其鮮馥，東坡深知此理矣。余頃在富沙，嘗汲溪水烹茶色香味俱成三絕，又況其地產茶為天下第一，宜其水異于他處，用以烹茶，水功倍之，至於浣衣尤更潔白，則水之輕清可知矣，近城山間有陸羽，非水亦清甘，實好事者名之，羽著經言建州茶未得詳，則知羽不曾至富沙也（茗溪漁隱叢話）

味潭水

蘇子由鳳味石硯銘云：北苑茶冠天下，歲貢龍鳳團，不得鳳凰山味潭水，則不成。然石性薄，即厚者不及徑寸，最後得此，長博豐碩，蓋石之傑也。子瞻方為易傳，日劬于前，與有功焉；故特援筆凝神而為之銘曰：「陶土塗鑿崖石，元之蠶穎之賊，涵清泉閟重谷，聲如銅色如鐵，性滑堅善凝墨，棄不取嗟嘆息，招伏羲揖西伯，發祕藏與有力。非相時誰為出。」茗溪漁隱曰予為閩中漕幕，常被檄於北苑修貢，蓋熟知其地矣，造茶堂之後鳳凰山之麓有一泉，覆以華屋，榜曰御泉，其廣三四尺，深五六尺，石甃其底，止留泉眼，特一小井耳，泉之東西二十餘步間，兩山凹抱，各有小淺澗水流出，其水皆可造茶，即無深水瀦蓄匯以為

古今茶事

潭者，子由所言昧潭，其地初無之，又安得潭中石，蒼黑堅緻如玉以為研乎？又云，歲貢龍鳳團不得鳳凰

山昧潭水，則不成此言愈誤也。子瞻亦云，建州鳳凰山，如飛鳳下舞之狀，山下有石，聲如銅鐵，作研至美，

如有肩理也，此殆玉德也。疑其太滑然至溢墨。熙寧五年，國子博士王頤始知以為研，而求名於余，余以叢話

鳳昧又云，僕好用鳳昧石研，然議者異同，蓋少得真者皆為黯灘石所亂，盡出於逐利之所為，余以叢話

前集已辨鳳昧研出於北苑，乃劍浦黯黮灘石。蘇氏伯仲為王頤所紿，信以為然，故反以此灘之石為亂

真耳。（茗溪漁隱叢話）

南零水

茗溪漁隱曰：張又新煎茶水記云：代宗朝李季卿刺湖州，至維揚，逢陸處士鴻漸。李素熟陸名，有傾蓋之

懽，因之赴郡，抵揚州驛，將食，李曰：陸『君善於茶，蓋天下聞名矣，況揚子南零水又殊絕，今者二妙千載

一遇，可曠之乎？』令軍士謹信者挈瓶操舟，深詣南零，陸執器以俟之。俄水至，陸以杓揚其水曰：『江則

江矣，非南零者，似臨岸之水。』使曰：『某櫂舟深入，見者累百，敢虛紿乎？』陸不言，既而傾諸盆，至半，陸

遽止之，乃以杓揚之曰：『自此南零者矣。』使蹶然大駭，馳下曰：『某自南零齎至岸，舟蕩覆半，愧其少，

挹岸水增之。處士之鑒，神鑒也，其敢隱焉！』李與賓從數十人，皆大駭愕。又蘇長公惠通井記云：「禹貢

濟水入於河，溢為滎，河南曰滎陽，河北曰滎澤。沱潛本梁州二水，亦見於荊州，水行地中，出沒數千里外，

雖河海不能絕也」唐相李文饒好飲惠山泉置驛以取水。有僧言長安昊天觀井水與惠山泉通雜以他水十餘缶試之僧獨指其二缶曰：『此惠山泉水也』文饒爲罷水驛二事頗相類故併錄之。（茗溪漁隱叢話）

雙井

冷齋夜話云海南城東有兩井相去咫尺而異味號雙井；井源出邕石罅中。東坡酌水異之曰：『吾尋白龍不見今知家此水中乎？』同游者怪問其故曰：『白龍常爲東坡出請待之』俄見其脊尾如生銀蛇狀忽水渾有雲氣浮水面舉首如插玉筋乃泳而去余至二井太守張子修爲造庵井上號思遠亭名洄酌岸有怪樹樹枝之腋有詩曰：『巖泉未入井蒙然冒沙石泉嫩囘爲賸石老生罅隙異哉寸波中露此橫海脊先生酌泉笑泉香神龍蟄舉首玉筋插忽去銀丁擲大身何時布天矯翔霹靂誰言鷗背大更覺宇宙窄字畫如顏書無名銜年月」此詩氣格似東坡，而言泉嫩石老似非東坡又語散漫疑學者爲之也。龍如蛇形小如玉筋。（茗溪漁隱叢話）

谷簾泉

余嘗酌中泠劣于惠山殊不可解後考之乃知陸羽原以廬山谷簾泉爲第一。山疏云：『陸羽茶經，言瀑瀉湍急者勿食。』今此水瀑瀉湍急無如矣乃以爲第一何也？又雲液泉在谷簾泉側山多雲母泉其液

也。洪纖如指，清冽甘寒，遠出谷簾之上，乃不得為第一又何也？（太平清話）

惠泉

獨孤及慧山新泉記云：「無錫令敬澄字源深，考古篆圖，有客陸羽，多識名山大川之名，與此峯白雲相為賓主始雙翠夾丈之沼疏為懸流使瀑布下鍾甘流淌激惠泉蓋自唐始」（太平清話）

陽和泉

禊泉出城中，水遞者曰至。藏獲到庵借炊，索薪索米後索酒索肉，無酒肉，輒揮老拳僧苦之，無計脫此苦，乃罪泉，投之芻穢；不已，乃決溝水敗泉，泉大壞。張子知之，至禊井命長浚之。及牛見竹管藉其下，皆熬脹作氣，竹盡見芻穢，又作奇臭。張子淘洗數次，俟泉至。泉實不壞，又甘冽，張子去僧又壞之不旋踵，而無泉可食，不得已而仍食之者半壬申，有稱陽和嶺泉者，張子試之，空靈不及禊，而清冽過之。

至再至三卒不能救禊泉，竟壞矣。是時食之而知其壞者半食之而不知其壞而仍食之者半食之知其壞以玉帶名不雅馴，張子謂陽和嶺實為余家祖慕，誕生我文恭，遺風餘烈，與山水俱長，告孤山泉出，東坡名之六一，今此泉名之陽和，至當不易。蓋生生嶺生泉，俱在文恭之前，不待文恭而天固已陽和之矣。夫復何疑。士人有好事者，恐玉帶失其姓，遂勒石署之，且曰：「自張志禊泉，而禊泉為張氏有今邑山是其祖塋檀之益易立石署之懼其奪也」時有傳其語者陽和泉之名益著銘曰：「有山如礪，有泉如砥。太史

遺烈落落磊磊孤嶼溢流，六一擅之千年巴蜀，實繁其齒。」但言眉山，自屬蘇氏。（陶庵夢憶）

中泠泉

金山中泠泉，又曰龍井，水經品為第一舊嘗波險中汲汲者患之。僧於山西北下穴一井以紿游客，又不徹堂前一井，與今中泠相去又數十步而水味迥劣按泠一作零又作瀯太平廣記：李德裕使人取金山中泠水，蘇軾蔡肇並有中泠之句。雜記云：石碑山北謂之北瀯，釣者餘三十丈則中泠之外似又有南零北瀯者。潤州類集云：江水至金山分為三泠今寺中亦有三井其水味各別，疑似三泠之說也。（假曝餘談）

婆娑泉

婆娑泉出思恩縣，形如玉曰，潔似清冰，飲者呼之渴盡（渴盡作消渴）一本則止。一人千人亦復如是。（赤雅）

漱玉泉

漱玉泉出白石洞天每鐘鼓勵則踴躍而來，聲歇隨縮三泉靈異，可與壽州咄泉，茅山喜（一本作嘉）客泉撫掌泉，無為州笑泉並入靈品。（赤雅）

運水

昨曹幼安遺訊，書尾云：「且運第二泉，六月後當還。」乃領報乞水之便無甚於此而某不知寄罈缸上，

少可十解。其明日，奴子以泉涸告，方悔之。然俟其歸可稅也也朝來索報則又忘之矣。吾每日科頭起，都是噉粥想喘喘思茶耳，而念不及泉此何故歟？僧孺曰：『為懶而忘之者性也。為念不及泉而忘之者境也。』某笑曰：『願以性』（梅花草堂筆談）

惠登山

瓊州三山庵，有泉味穎惠山。蘇子瞻過之，名之曰「惠通」。其說云：「水行地中，出沒數千里外，雖河海不能絕也」二年前有餉惠水者，淡惡如土，心疑之。聞之客云有富者子，亂決上流，幾害泉脈，久乃復之，味如故矣。泉力能通數千里之外，乃不相渾于咫尺之間，此惠之所以常貴也歟？李文饒置水驛以汲惠泉，而不知脈在長安天觀下。鮮能知味，大抵然耳。今日與鄒公履茹紫房陳元瑜登惠山，酌泉飲之，因話其事。顧謂桐曰：『凡物行遠者必不雜豈惟水哉！』時丙午冬仲十二日月印梁溪風颼颼着聽松上。公履再命酒數酌，頹然別去（梅花草堂筆談）

移喜泉

朱方醅宅有喜泉，每齋中惠泉竭，輒取之，其味故在季孟間。而炊者不知，悉以供盥濯貴耳賤目，古今智恐一也。（梅花草堂筆談）

山谿泉

山谿橋有新泉，味極冷澈，日可濡百十戶閒之僧孺云，雨露且訪之。（梅花草堂筆談）

井竭

井竭，多作淡鹽味；然猶不惡。取之鹹井，直鹽水矣。往時不飲井水，必惠必寶雲，必天泉，此念竟安往哉童子提一罌給炊意顏於祕某亦欣然啜之吾端權衡固在政作古人點茶觀耳。（梅花草堂筆談）

運水

有人運惠水于白下而車致之句曲者且誇于衆明日當會茶車至而亡其水主人詰之，對曰：『相公故運鐙耳水何運焉—』坐客大笑，主人怒不止然因是以水癖特聞拙者之功不可沒也戊申四月十五日，榜人顧三龍爲予買罌置水，得二十舲喜甚戲書所聞貽之。（梅花草堂筆談）

洞山茶

王祖玉貽一時大彬壺平平耳。而四維上下虛空色色可人意今日盛洞山茶，酌已，飲倩郎，問此茶何似。

答曰：『似時彬壺。』予颯然洗盞更酌飲之。（梅花草堂筆談）

試茶

茶性必發于水八分之茶，遇水十分，茶亦十分矣。八分之水，試茶十分，茶只八分耳。人不易致茶，尤難得水。歐文忠公之故人有餽中泠泉者公訝曰：『某故貧士，何得致此奇貺？』其人謙謝請解所謂公熟

視所饋器，徐曰：「然則水味盡矣。」蓋泉冽性駛，非扃以金銀，未必不破器而走，故曰，貧士不能致此奇

覘也。然予聞中冷泉故在郭璞墓，墓上有石穴罐，取竹作筒，鉤之乃得。郭墓故當急流間，難為力矣，況必

金銀器而後味不走乎，貧人之不能得水亦審矣。予性蠢拙茶與水皆無揀擇，而云然者今日試茶聊為

茶語耳。（梅花草堂筆談）

天泉

秋水為上梅水次之。秋水白而冽，梅水白而甘。春冬二水，春勝於冬，蓋以和風甘雨故。夏月暴雨不宜，或

因風雷蛟龍所致，最足傷人。雪為五穀之精，取以煎茶最為幽況。然新者有土氣稍陳乃佳。承水用布於

中庭受之，不可用簷溜。（長物志）

地泉

乳泉漫流，如惠山泉為最勝，次取清寒者。泉不難於清，而難於寒。土多沙膩泥凝者，必不清寒。又有香而

甘者然而易，而香難未有香而不甘者也。瀑湧湍急者勿食，食久令人有頭疾。如廬山水簾，天台瀑布，以

供耳目則可入水品則不宜。溫泉下生硫黃，亦非食品（長物志）

流水

江水取去人遠者，揚子南泠，夾石停淵，特入首品。河流通泉竇者必須汲置，候其澄澈亦可食。（長物

志）

丹泉

名山大川仙翁修煉之處，水中有丹其味異常能延年却病此自然之丹液不易得也。（長物志）

水樹

喇嘛國僧至京師，其所經塞外地累月無泉道旁有樹極高大僧渴則以佩刀剚之輒水出如注飲之淸甘駞馬亦給。抽刃水止樹膚復合不知其何名也。（甌臍）

百花潭水

百花潭有巨石三水流其中汲水煎茶淸冽異他水。（隴蜀餘聞）

夾錫錢鎮水

汝州之治諸井皆以夾錫錢鎮之每井率數十千間其故一老兵曰：『此邦饒風沙沙入井中人飲之則成癭夾錫錢所以治沙土也』楮記室曰因思惠山泉淸甘於二浙者以有錫也。余謂冰與茶之性最相宜錫餅貯茶葉香氣不散錫壺煎水久則土下沈皆成鹹也。（廣陽雜記）

黃河水

子膦言黃河之水，泥沙在上其下乃淸流也。靖逆侯張勇，令人於蘭舟橋施百尺之繩，而沈桶於底桶上

243

有蓋，以機約之桶至底而機張，蓋啟水入，緻之而上，則機復閉其蓋濁水絲毫不混也。以之烹茶，美過金

山第一泉炎。（廣陽雜記）

中泠泉記

中泠，伯芻所謂第一泉也。昔人遊金山吸中泠，胸腋皆有仙氣，其知味者乎。庚辰春正月，予將有澄江之

行，初四日，自眞州抵潤州，舟中望金山，波心一峯突兀，雲表飛閣流丹，夕陽映紫，躊躇不肯艤岸。但不知

中泠一勺，清澈何所耳。次日覓小舟破浪登山，周石廊一匝，聽濤聲嘈呰，激石哮吼，迤邐從石磴陟第二

層，穿茶肆中數折，得見世所謂中泠者。瓦亭覆非石龍蟠井闌，鱗甲飛動，寺僧爭汲井水入肆是日也。吳

人謂錢神誕，爭詣寺中為壽。摩肩連袿，不下數萬人。茶坊滿不納客，凡三往得伺便飲數甌，細啜之，味與

江水無異。予心竊疑之。默然起履巉巇陟險窮盡金山之勝。力疲小憩，仰觀石上蒼苔剎創中，依稀數行磨

刷認之，乃知古人所品別在郭璞墓間。其法於子午二辰用銅瓶長緪入石窟中，尋若干尺，始得眞泉若

淺深先後少不如法，即非中泠正味。不禁爽然，汗下浹背，然亦無從得銅瓶長緪如古人法俯吸之而飲

之也。郭公爪髮故在山足西南隅，洪濤巨浪中，亂石齒齒，森森若有鬼異獸。去金山數武，而徘徊踟躕空

復望洋杳不可即矣。日暮歸舟悒怏若有所失，自恨不逮古人。佛印談禪坡公解帶，爾時酒甕茶鐺，

皆挹中泠香氣，奈何不獲親見之也。越數日，舟自澄江還，同舟憨道人者，有物藏破衲中，琅琅有聲，索視

之，則水葫蘆也。朱中黃外徑五寸許，高不盈尺許，傍三耳，銅紐連環，夏丈餘，三分入環，耳中一縷勾蓋上銅圈上下，隨絙機轉動銅丸一枚，繫葫蘆傍其一縮蓋上，銅分中泠一舟。』予躍然起拱手敬謝，途別諸子，從道人上夜行船，兩日抵潤州，則譙鼓鳴矣。夕上元節，雨後遲月出不見。然天光初霽不甚晦冥，鼓三下，小舟直向郭墓石，峻水怒舟不得泊，攜手彳亍蹈江心石，五六步，石礐洞洞然。道人曰『此中泠泉窟也』取葫蘆沉石窟中，銅丸傍鎮，葫蘆橫側。下約丈許道人發絙上機，則銅丸中鎮，葫蘆仰盛又發第二機，則蓋下覆之篛圈若膠漆不可解，乃徐徐收銅絙啓視之，水盎然滿，頭旋舟就岸烹以瓦鎗須沸起，就道人瘦瓢微吸之，但覺清香一片，從齒頰間沁人心胃二三盞後，則薰風滿兩腋頃覺塵襟滌淨，乃喟然曰：『水哉水哉古人誠不我欺也！嗟乎，天地之靈秀有所聚，必有所藏。乃至拔而爲山穴，而爲泉山不徒山而崿於江心泉不徒泉，而萃乎江水屑壘之下，而頤令屠狗賣漿柴備儈父皆得傾茲山味茲泉則人人皆有仙氣矣。今古以來，眞才埋沒腐鼎爭傳獨中泠泉也乎哉！』次日辰刻道人別去予亦發棹渡江。而鄰舟一貴介方狐裘箕踞，命俊童敲火炙井上中泠未熟也。道人姓張，其先蓋關人云。

張山來曰：吾鄉趙桓夫先生謂金山江心水與郭璞墓無異。因以兩瓦舟相並，中離二尺許以大木橫絙其上中亦空二尺許，如井狀以有蓋錫罌一，上繫大長繩別一小長繩繫其蓋，繩之長凡若干丈縋於井。

繩盡，先曳小繩起其蓋，而水已滿甕徐曳大繩則所汲皆江心水矣想以郭璞墓不得其汲之之法耳若

遇此道人效其製當更佳也。（虞初新志）

玉泉雪水

高宗純皇帝巡蹕所至，製銀斗命內侍精量泉水京師玉泉山之水斗至一兩塞上伊遜之水亦如之其

餘諸水濟南珍珠重逾二厘；揚子江金山下中泠重逾三厘惠山虎跑各重逾四厘平山重逾六厘清涼

山、白沙虎邱及西山之碧雲寺各重逾一分遂定玉泉為第一作玉泉山天下第一泉記又量雪水較玉

泉輕三厘遇佳霙必收取以松實梅英佛手烹茶謂之三清嘗於重華宮集廷臣及內庭翰林等聯句賦

三清茶詩天章昭煥洵為昇平韻事（冷廬雜識）

品泉

唐宋以還古人多講求茗飲，一切湯火之候，瓶盞之細，無不考索周詳著之為書。然所謂龍團鳳餅皆須

碾碎方可入飲非惟煩碎弗便，卽茶之真味恐亦無存其直取茗芽投以淪水卽飲者，不知始自何時？沈

德符野獲編云：「國初四方供茶以建寧陽羨為上時猶存宋制所進者俱碾而揉之，為大小龍團至洪

武二十四年九月上以重勞民力罷造龍團惟採茶芽以進其品有四日探春日先春日次春日紫筍置

茶戶五百充其徭役」乃知今法實自明祖創之真可令陸鴻漸蔡君謨心服憶余嘗再游武夷在各山

頂寺觀中，取上品者以巖中瀑水烹之，其芳廿百倍於常時，固由茶佳，亦由泉勝也。按品泉始於陸鴻漸

然不及我朝之精，記在京師，恭讀純廟御製玉泉山天下第一泉記云：「嘗製銀斗較之京師玉泉之水，

斗重一兩，塞上伊遜之水亦斗重一兩，濟南珍珠泉斗重一兩二厘；揚子金山泉，斗重一兩三厘；則較玉

泉重二厘三厘矣。至惠山虎跑則各重玉泉四厘，平山重六厘，清涼山，白沙，虎邱，及西山之碧雲寺各重

玉泉一分」然則更無輕於玉泉者乎曰有，乃雪水也。常收積素而烹之，較玉泉斗輕三厘雪水不可恆

得則凡出山下而有列者識無過京師之玉泉，故定為天下第一泉。（歸田瑣記）

以水洗水

世以鎮江城西北石山簿東之中泠泉水為通國第一，然高宗嘗製一銀斗以品通國之水，則以質之輕

重分水之上下，乃遂定京師海淀鎮西之玉泉為第一，而中泠次之，無錫之惠泉杭州之虎跑又次之。此

外惟雪水最輕可與玉泉並然自空下，非地出故不入品，鑾輅時巡，每載玉泉水以供御，然或經時稍久，

舟車顛簸色味或不免有變可以他處泉水洗之，一洗則色如故焉；其法以大器儲水，刻分寸入他水攪

之，攪定則污濁皆沈澱於下，而上面之水清澈矣，蓋他水質重則下沈；玉泉體輕，故上浮，挹而盛之不差

錙銖，古人淄澠之辯良有以也。（清稗類鈔）

京師飲水

京師井水多苦，著貯三日不拭，則滿積水鹼然。井亦有佳者，安定門外較多，而以在極西北者爲最，其地名上龍。又若姚家井，及東長安門內井，與東廠胡同西口外井皆不苦而甜。凡有井之所謂之水屋子，每日以車載之送入家曰送甜水。以爲所飲。若大內飲料則專取之玉泉山也。（清稗類鈔）

王文簡以第二泉餉友

王文簡自淮上還揚州，青簾畫舫乘風南下，與汪某相值於秦鄧湖，遙語曰，有事欲附致家博士及遺信至，乃寄舫中所有第二泉四罌而已。某以道遠稍難之，文簡攢眉曰汪大乃成俗吏。（清稗類鈔）

章次白試第一泉

仁和章次白廣文坤嘗登金山寺試第一泉，而懷許旂，因此詩云：「忽憶詩人許丁卯，香浮綠雪竹鑪邊」（清稗類鈔）

陳香泉飲香泉

海寧陳香泉太守奕禧，令深澤時，飲泉廿之，作亭其上，署曰香泉，因以自號。（清稗類鈔）

烹茶須先驗水

欲烹茶須先驗水可貯水於杯以酒精溶解肥皂滴三四點，如爲純粹之水，則澄清如故，倘含有雜物，必生白泡。又法貯水於杯，加硼砂少許，水惡則濁，水良則清。

心一堂　飲食文化經典文庫

若無良水，亦可化惡爲良，如井水之有鹹味者或涸濁之水，既煑沸，置數小時，污物悉沈於底，再取其上之澄清者煑沸數次遂成良水。

烹時須活火活火者有焰之炭火也既沸以冷水點住，再沸再點，如此三次色味俱進。（清稗類鈔）

松柴活火

浙瀹茶秋澗將入都，受蕭王善煑之囑，令輩致杭州虎跑泉水百甕爲煎茶之用。某病其瑣，意且謂蕭亦耳食耳至滬乃市西人之濾水器載以往至京，即取都中水濾之以進，蕭諂其價，會某入謁語之曰「吾果得眞虎跑水當以松柴活火煎之矣。」（清稗類鈔）

地域

傾筐會

偽閩甘露堂前兩株茶，鬱茂婆娑宮人呼爲清人樹。每春初，嬪嬙戲摘新芽堂中設傾筐會。（清異錄）

武陵茶

武陵七縣通出茶，最好。（荊州土地記）

蒙山

名山縣出茶，有山曰蒙山聯延數十里，在縣西南按拾遺志倘書所謂蔡蒙旅平者蒙山也，在雅州，凡蜀

茶盡出此（雲南記）

　　大茗

丹丘出大茗服之生羽翼。（天台記）

　・占城國

占城國地不產茶亦不知醞釀之法（宋史占城國傳）

　　闍婆國

闍婆國地不產茶。（宋史闍婆國傳）

　　北苑

古人論茶唯言陽羨、顧渚、天柱蒙頂之類，都未言建溪。然唐人重串茶粘黑者，則已近乎建餅矣建茶皆

喬木吳蜀淮南唯叢菱而已品自居下建茶勝處曰郝源曾坑其間又岔根山頂二品尤勝李氏時號為

北苑置使領之。（夢溪筆談）

　　北苑

建茶之美者，號北苑茶今建州鳳凰山土人相傳謂之北苑。言江南嘗置官領之謂之北苑使予因讀李

後主文集有北苑詩及文記，知北苑乃江南禁苑在金陵，非建安也。江南北苑使，正如今之內園使，李氏

時有北苑使善製茶人競貴之謂之北苑茶。如今茶器中有學士甌之類皆因人得名非地名也。丁晉公

謂北苑茶錄云：「北苑里名也」今曰龍焙又云苑者天子園圃之名此在刌郡之東隅緣何却名北苑，

丁亦自疑之蓋不知北苑茶本非地名始因慢傳自晉公實之於書至今遂謂之北苑。（補夢溪筆談）

白鶴茶

瀟湖諸山舊出茶謂之瀟湖茶李肇所謂岳州瀟湖之含膏也。唐人極重之，見於篇什今人不甚種植，惟

白鶴僧園有千餘本土地頗類北苑，所出茶一歲不過二三十兩土人謂之白鶴茶味極甘香非他處草

茶可比並茶園地色亦相類但土人不甚植爾。（岳陽風土記）

北苑

北苑茶正所產，為曾坑謂之正焙，非曾坑為沙溪謂之外焙二地相去不遠，而茶種懸絕沙溪色白過於

曾坑，但味短而微澀識茶者一啜，如別涇渭也。余始疑地氣土宜不應頓異如此。及來山中每開關徑路，

剗治岩竇有尋丈之間土色各殊，肥瘠緊緩燥潤，亦從而不同，並植兩木於數步之間封培灌溉路等而

生死豐瘁如二物者然後知事不經見不可必信也。草茶極品惟雙井顧渚，亦不過各有數畝。雙井在分

寧縣，其地屬黃氏魯直家也。元祐間，魯直力推賞於京師，族人交致之，然歲僅得一二斤爾。顧渚在長興

縣，所謂吉祥寺也，其半爲今劉侍郎希范家所有。兩地所產歲亦止五六斤近歲寺僧求之者多不暇精擇，不及劉氏遠甚。余歲求於劉氏過半斤則不復佳蓋茶味雖均，其精者在嫩芽取其初萌如雀舌者謂之槍稍敷而爲葉者謂之旗旗非所貴不得已取一槍一旗猶可過是則老矣此所以爲難得也。（避暑錄話）

木女觀

木女觀望州等山茶茗出焉。（夷陵圖經）

義興茶

唐茶惟湖州紫筍入貢每歲以清明日貢到先薦宗廟然後分賜近臣紫筍生湖，在湖常二境之間當採茶時，兩郡守畢至最爲盛集此蔡寬夫詩話之言也。蔡但知其一而不知其二按陸羽茶經云：「浙西以湖州上，常州次」湖州生長與縣顧渚山中常州義興縣生君山懸腳嶺北峯下。唐義興縣重修茶舍記云義與貢茶非舊也，前此故御史大夫李栖筠實典是邦。山僧有獻佳茗者會客嘗之野人陸羽以爲芬香甘辣冠於他境可薦於上栖筠從之始進萬兩此其濫觴也。厥後因之徵獻浸廣，途爲任土之貢與常賦之邦侔矣。故玉川子詩云：「天子須嘗陽羨茶，百草不敢先開花」正謂是也。當時顧渚義與常貢茶又郵壤相接，白樂天守姑蘇聞賈常州崔湖州茶山境會想羨歡宴因寄詩云：「遙聞境會茶山夜珠

翠歌鐘俱遶身盤下中分兩州界，燈前合作一家春。青娥遞舞應爭妙，紫笋齊甞各鬪新。自歎花時北窗下，蒲黃酒對病眠人」唐袁高爲湖州剌史因修貢顧渚茶山作詩云：「兩貢通遠俗始自在安人後王失其本職吏不敢陳亦有奸佞者因茲欲求伸勤至千金費日使萬姓貧我來顧渚源得與茶事親黎甿輟耕農采掇實苦辛一夫且當役盡室皆同臻捫葛上欹壁蓬頭入荒榛終朝不盈掬手足皆鱗皴悲嗟遍空山草木爲不春陰嶺芽未吐使曹牒已頻心爭造化先走挺麋鹿均選納無晝夜搗聲昏繼晨功何枯橰俯視愧彌神皇帝尚巡狩東郊路多堙周回繞天涯所獻惟艱勤兵革用兼茲困疲民未知供御餘誰合分此珍顧省添邦守有慚復因循茫茫滄海間丹憤何由申」此詩雅得詩人諷諫之體可尚也。（茗溪漁隱叢話）

產茶地

東川之獸目，綿州之松嶺，雅州之露芽，南康之雲居，饒池之仙芝，霍山之黃芽，蘄門之團黃，臨江之玉津，蜀州之雀舌烏嘴，潭州之獨行靈草，彭州之仙崖石花，袁州之金片綠英，建安之青鳳髓，岳州之黃翎毛，岳陽之含膏冷，劍南之綠昌明，此皆唐宋時之產茶地及名也。（茶譜通考）

寶唐山

玉壘關外寶唐山，有茶樹產於懸崖笋長三寸五寸，方有一葉二葉。（茶譜通考）

鶴嶺茶

龍州鶴嶺茶妙極。（茶譜通考）

北苑

茗溪漁隱曰：東坡鳳味古研銘云：「帝規武夷作茶囿，山爲孤鳳翔且嗅。下集芝田啄瓊玖，玉乳金沙散虛寶殘璋斷璧澤而黝治爲書研美無有。至珍鷙世初莫售，黑眉黃眼爭研兩。蘇子一見名鳳味，坐令龍尾羞牛後」余至富沙按其地里武夷在富沙之西，隸崇安縣，去城二百餘里。北苑在富沙之北，隸建安縣，去城二十五里。北苑乃龍焙每歲造貢茶之處，即與武夷相去遠甚其言「帝規武夷作茶囿」者，非也。想當時傳聞不審又以武夷山爲鳳凰山故有「山爲孤鳳翔且嗅」之句其實北苑茶山乃名鳳凰山也。北苑土色膏腴山宜植茶石殊少亦頑燥非研材余嘗至北苑詢之土人初未嘗以此石爲研方悟東坡爲人所誑耳若劍浦黯淡有一種石黑眉黃眼，自昔人以爲研。余意鳳味研必此灘之石然亦與武夷相去遠矣又荔枝歎云：「君不見武夷溪邊粟粒芽，前丁後蔡相籠加」亦謂指其地武夷未嘗有茶，茶之精絕者乃在北苑自有一溪南流至富沙城下方與西來武夷溪水合流東去劍浦固亦不可雷同言之。（茗溪漁隱叢話）

蜀茶至建茶

蔡寬夫詩話云：唐以前茶，惟貴蜀中所產，孫楚歌云：「茶出巴蜀；」張孟陽登成都樓詩云：「芳茶冠六

情滋味播九區」他處未見稱者。唐茶品雖多，亦以蜀茶為重，然惟湖州紫筍入貢，每歲以清明日貢到，

先薦宗廟，然後分賜近臣。紫筍生顧渚在湖常二境之間，當採茶時，兩郡守畢至，最為盛會杜牧詩所謂

「溪盡停蠻棹旗張卓翠苔。柳村穿窈窕，松澗渡喧豗。」劉禹錫「何處人間似仙境，青山擁妓採茶

時。」皆以此。建茶絕亡貴者僅得掛一名爾。至江南李氏時，漸見貴，始有團圈之製，而造作之精，經丁晉

公始大備。自建茶出天下所產皆不復可數。今出處壑源沙溪，土地相去丈尺之間，品味已不同，謂之外

焙，況他處乎。則知雖草木之微，其顯晦亦自有時。然唐自常袞以前，閩中未有讀書者，自袞教之，而歐陽

詹之徒始出，而終唐世亦不甚盛。今閩中舉子常數倍天下，而朝廷將相公卿，每居十四五八物尚爾況

草木徵物也。顧渚湧金泉，每造茶時，太守先祭拜，然後水漸出，造貢茶畢，水稍減，至貢堂茶畢，已減半，

守茶畢，途涸，蓋常時無水也。或聞今龍焙泉亦然。茗溪漁隱曰：北苑官焙也，漕司歲以入貢，茶為上；壑源，

私焙也。土人亦入貢茶為次。二焙相去三四里間，若沙溪外焙也，與二焙相去絕遠，自隔一溪，茶為下。

谷詩云：「莫遣沙溪來亂真，」正謂此也。官焙造茶，常在驚蟄後一二日與工採摘，是時茶芽已皆一槍，

蓋閩中地暖如此，舊讀歐公詩有敕山之說，亦傳聞之訛耳。龍焙泉即御泉也，水之增減亦隨水旱初無

漸出遂涸之異，但泉味極甘正宜造茶耳（茗溪漁隱叢話）

蒙頂茶

東齋記事云：蜀中數處產茶，雅州蒙頂最佳其生最晚，在春夏之交其地即書所謂「蔡蒙旅平」者也。

方茶之生雲霧覆其上若有神物護持之（茗溪漁隱叢話）

琅琊山茶

琅琊山出茶類桑葉而小，山僧焙而藏之其味甚清。（太平清話）

鄴宅茶

（遜齋偶筆）

閩中興化府城外，鄴氏宅，有茶二株，香美甲天下，雖武夷嚴茶不及也。所產無幾鄰近有茶十八株，味亦美合二十株有司先時使人謹伺之烘焙如法藉其敷以充貢間有烘焙不中選者以餉大僚。然亦無幾。此外十餘里內所產皆冒鄴宅非其真也庚戌使閩中晤汀鎮呂公啜此茶香美不可以名似詢之云爾。

息肩亭烹茶

隴山在水洛城西北乃水洛川及續奴水所從出又明祝辝建息肩亭，嘗作象贊云：「道其人謂誰乃隴千城之舊吏息肩亭之主人，而鶴臞其別號。」余隴千詩「我欲西尋續奴水烹茶一上息肩亭」（偶憶錄）

武夷茶

武夷諸峯皆拔立不相攝多產茶。接筍峯上大黃次之，幔亭又次之。而接筍茶絕少不易得。按陸羽經云：

「凡茶上者生爛石中者生櫟壤下者生黃土」夫爛石已上矣況其峯之最高最特出者乎大黃峯下削上銳中周廣盤諸鬱峯無與並者。然猶有土滓接筍突兀直上絕不受滓水石相蒸而茶生焉宜其清遠高潔稱茶中第一乎吾聞其語鮮能知味也。經又云：「嶺南生福州、建州、韶州、象州云」註：福州生閩方山建韶象未詳往往得之其味極佳豈方山即今武夷山耶世之推茗社者必首桑苧翁豈斯我哉

（梅花草堂筆談）

虎邱天池

虎邱天池最號精絕，爲天下冠，惜不多產。又爲官司所據，寂寞山家，得一壺兩甖，便爲奇品。然其味實亞於岕天龍池出池一帶者佳出南山一帶者最早微帶草氣（長物志）

龍井天目

山中早寒多來多霉故茶之萌芽較晚採焙得法亦可與天池並。（長物志）

清源山茶　英山茶

清源山茶青翠芳馨超軼天池之上。南安縣英山茶精者可亞虎丘惜所產不若清源之多也閩地氣暖，

桃李冬花故茶較吳中差早（泉南雜志）

閩茶

武彝、幔亭、紫帽籠山皆產茶，僧拙于焙，既探則先蒸而後焙，故色多紫赤只堪供宮中浣濯用耳。近有以

松羅法製之者即試之色香亦具足經旬月則紫赤如故蓋製茶者不過土著數僧耳語三吳之法轉輾

相效舊態畢露此須如昔人論琵琶法使數年不近盡忘其故調，而後以三吳之法行之，或有當也。

建州貢茶自宋蔡忠惠始，小龍團亦瓶于忠惠時有士人亦爲此之誚。

龍焙泉在城東鳳凰山一名御泉，宋時取此水造茶入貢。

北苑亦在郡城東，先是，建州貢茶首稱北苑龍團而彝石乳之名未著。至元設武場于武彝，遂與北苑併

稱，今則但知有武彝，不知有北苑矣。吳越間人顏不足閩茶而甚鄙北苑之名不知北苑實在閩也。

御園茶在武彝第四曲喊山台，通仙井俱在園畔前朝著令，每歲驚蟄日有司爲之致祭，祭畢鳴金擊鼓，

台上揚聲同喊曰：「茶發芽」并水既滿用以製茶上供凡九百九十斤製畢水遂渾濁而縮。

武彝產茶甚多黃冠既獲茶利途偏種之一時松栝樵蘇殆盡及其後崇安令例致諸貴人所取不貲黃

冠苦于追呼盡斫所種武彝眞茶九曲遂濯濯矣。

歙人閔汶水居桃葉渡上予往品茶其家，見其水火皆自任，以小酒盞酌客，頗極烹飲態，正如德山擔青

龍鈔，高自矜許而已，不足異也。秣陵好事者，嘗誚閩無茶，謂閩客得閩茶，咸製為羅囊，佩而嗅之，以代檀

檀實則閩不重汝水也。閩客游秣陵者，宋比玉洪仲韋輩，類依附吳兒，強作解事，賤家雞而貴野鶩，宜為

其所嗤。三山僻老，亦祇嘗汝水也。僻嗜言汝水假他味逼作蘭香，究使茶之真味盡失。汝水而在閩此

亦當色泹。僻嗜住男峒，自為剪焙，遂欲駕汝水上。余謂茶難以香名，況以蘭香定茶，乃咫尺見也。顏以僻

老論為善。

前朝不貴閩茶，即貢者亦只備宮中浣濯甌盞之需，貢使類以價貨京師所有者納之，間有採辦，皆劍津

廖地產，非武彞也。黃冠每市山下茶登山貿之。

閩人以粗甆胆瓶貯茶。近鼓山支提新茗出，一時學新安製為方圓錫具，遂覺神采奕奕。

太姥山茶名綠雪芽。

閩酒數郡如一，茶亦類是。今年予得茶甚夥，學坡公義酒事盡合為一，然與未合無異也。

蔡忠惠茶錄石刻在甌寧邑庠壁間，予五年前揚數紙寄所知，今漫漶不如前，延邵呼製茶人為「碧豎」，

富沙陷後，碧豎盡在綠林中矣。

崇安殷令招黃山僧以松蘿法製建茶，堪並駕，今年余分得數兩甚珍重之，時有武彞松蘿之目。

鼓山半巖茶色香風味當為閩中第一，不讓虎邱龍井也。雨前者每兩僅十錢，其價廉甚。一云前朝每歲

進貢至楊文敏當國始奏罷之然近來官取其擾甚于進貢矣。（閩小記）

蒙茶

昔人謂「揚子江心水，蒙山頂上茶。」蒙山在蜀雅州，其中峯頂尤極險穢，蛇虺虎狼所居，得采其茶，可

蒙茶

鋦百疾今山東人以蒙陰山下石衣為茶當之非矣然蒙陰茶性亦涼可除胃熱之病。（廣陽雜記）

蒙山在名山縣西十五里，有五峯最高者曰上清峯其巔一石，大如數間屋，有茶七株生石上，無縫隙云

是甘露大師手植每茶時葉生智炬寺僧報有司往視籍記葉之多少采製才得數錢許明時貢京師僅

一錢有奇環石別有數十株曰「陪茶」則供藩府諸司而已其旁有泉，恆用石覆之味清妙在惠泉之

上。（隴蜀餘聞）

店室

茶寮

大中三年東都進一僧年一百三十歲。宣宗問服何藥而致僧對曰：『臣少也賤素不知藥性惟嗜茶凡

履處惟茶是求或過百椀不以為厭。』因賜名茶五十斤，命居保壽寺名飲茶所曰茶寮。（舊唐書宣宗

心一堂　飲食文化經典文庫

（紀

露兄

崇禎癸酉有好事者，開茶館。泉實玉帶，茶實蘭雪。湯以旋煑，無老湯，器以時滌，無穢器。其火候湯候，亦時有天合之者。余喜之，名其館曰「露兄」。取米顛「茶甘露有兄」句也。爲之作〈鬭茶檄〉曰：「水淫茶癖，爰有古風；瑞草雪芽，素稱越鬠。特以烹者非法，向來葛竈生塵。更兼賞鑒無人，致使羽經積蠹。邇者擇有勝地，復擧湯盟。水符遞自玉泉，茗戰爭來蘭雪。瓜子炒豆，何須瑞草橋邊；橘柚查梨，出自仲山圃內。八功德水，無過甘滑香潔清涼；七家常事，不管柴米油鹽醬醋。一日何可少此，子歊竹廬可齊名七碗吃不得了，盧仝茶不算知味。一壺揮塵用暢清談，半榻焚香共朝白醉。」（陶庵夢憶）

茶肆品茶

茶肆所售之茶，有紅茶綠茶兩大別。紅者曰烏龍，曰壽眉，曰紅梅；綠者曰雨前，曰明前曰本山。有盛以壺者有盛以碗者，有坐而飲者，有臥而啜者。懷獻侯嘗曰吾人勞心勞力，終日勤苦，倘於暇日一至茶肆與二三知己淪茗深談，固無不可。乃竟有日夕流連樂而忘返，不以廢時失業爲可惜者，誠可慨也。

京師茶館列長桌，茶葉與水之資須分計之；有提壺以往者，可自備茶葉，出錢買水而已。漢人少涉足，八旗人士雖官至三四品亦厠身其間，並提鳥籠曳長裾就廣坐作茗憩與圉人走卒雜坐談話不以爲忤

古今茶事

也；然亦絕無權要中人之蹤跡。

乾隆末葉江寧始有茶肆鴻福園春和園，皆在文星閣東首各據一河之勝。日色亭午，座客常滿，或憑闌而觀水或促膝以品泉皋蘭之水烟霞漳之旱烟，以炙而至。茶葉則自雲霧龍井下逮珠蘭梅片毛尖，隨客所欲亦間佐以醬乾生瓜子小果碟酥燒餅春卷水晶糕花豬肉燒賣餃兒糖油饅首叟叟浮浮咄嗟立辦但得甕中能有直亦莫漫愁酤也。

上海之茶館始於同治初三茅閣橋沿河之麗水臺，其屋前臨洋涇浜，傑閣三層，樓宇軒敞。南京路有一洞天與之相若。其後有江海朝宗等數家，益華麗且可就吸鴉片，福州路之青蓮閣亦數十年矣初會華衆會。光緒丙子，粤人於廣東路之棋盤街北設同芳茶居，兼賣茶食糖果，侵晨且有魚生粥午則有蒸熟粉麵各色點心夜則有蓮子羹杏仁酪。每日未申之時，妓女聯袂而至。未幾，而又有怡珍茶居接踵而起，望衡對宇兼售煙酒更有東洋茶社初僅三處樓一家，設於白大橋北當鑪賣茗者為妙齡女郎取資銀幣一二角其後公共法兩租界，無地不有旋為駐滬領事所禁。

四方過客爭至此以得觀野雞為快。

青蓮閣茶肆每值日晡則茶客臚集座為之滿路為之塞非品茗也品雌也，雌為流妓之稱，俗呼曰野雞，

茶館之外，粤人有於雜物肆中，兼售茶者不設座，過客立而飲之，最多者為王大吉涼茶次之曰正氣茅

根水曰羅浮山雲霧茶，曰八寶清潤涼茶又有所謂菊花八寶清潤涼茶者，則中有杭菊花、大生地、土桑

白、廣陳皮、黑元參、乾葛粉、小京柿桂元肉八味、大牛為藥材也。

蘇州婦女好入茶肆飲茶，同光間，譚鈞初中丞為蘇藩司時，禁民家婢及女僕飲茶肆，然相沿已久，不能

禁。譚一日出門，有女郎娉婷而前，將入茶肆問為誰以實對。譚怒曰『我已禁矣何得復犯』令去履歸，

曰『汝履行如此速去履必更速也』自是無敢犯禁者。（清稗類鈔）

官政

庚敬休

敬休以戶部侍郎兼魯王傅。初，劍南西川山南道歲征茶，戶部自遣巡院主之，募賈人入錢京師。太和初，

崔元略奏貴本道主當歲以四萬緡上度支久之逗留多不至，敬休始請置院秤歸收度支錢乃無逋沒。

（唐書庚敬休傳）

何易于

何易于

何易于為益昌令，鹽鐵官榷取茶利，詔下所在毋敢隱。易于視詔書曰：『益昌人不征茶，且不可活，矧厚

賦毒之乎』命吏閣詔，吏曰：『天子詔何敢拒，吏坐死，公得免竄邪』對曰：『吾敢愛一身移暴于民乎』

古今茶事

亦不使罪褥曹」即自焚之觀察使素賢之不劾也。（唐書循吏傳）

劉建鋒

建鋒爲武安軍節度使，建鋒死，將吏推馬殷爲留後，其屬高郁教殷民得自摘山收茗筭募高戶置邸閣居茗號八牀主人歲入筭數十萬用度遂饒（唐書劉建鋒傳）

劉仁恭

劉仁恭爲盧龍軍節度使，禁南方茶自擒山爲茶號山曰大恩以邀利。（唐書藩鎭傳）

馬殷

馬殷初兵力尚寡，與楊行密成汭劉龔等爲敵國。殷患之，問策於其將高郁。郁曰：『成汭地狹兵寡不足爲吾患而劉龔志在五管而已。楊行密孫儒之仇雖以萬金交之不能得其懽心然尊王仗順霸者之業也。今宜內奉朝廷以求封爵而外謀鄰敵然後退修兵農畜力而有待爾』於是殷始修貢京師，然歲貢不過所產茶茗而已乃自京師至襄唐郢復州置邸務以賣茶其利十倍郁又諷殷鑄鉛鐵以十當銅錢一又令民自造茶以通商旅而收其筭歲入萬計由是地大力完。（五代史楚世家）

毋守素

守素河中龍門人父昭裔僞蜀宰相守素弱冠起家僞授祕書郎累遷戶部員外郎知制誥。蜀亡入朝，授

工部侍郎，籍其蜀中莊產茶園以獻，詔賜錢三百萬，以充其直仍賜第於京城。（宋史毋守素傳）

給役夫茶

開寶五年正月，澶州修河，卒賜以錢鞶，役夫給以茶。（宋史河渠志）

樊知古

知古授江南轉運使。先是，江南諸州官市茶十分之八；復征其餘分然後給符，聽其所往商人苦之；知古請蠲其稅仍差增所市之直以便於民。（宋史樊知古傳）

李盧己

盧己，累遷殿中丞提舉淮南茶場，召知榮州未行，改遂州。（宋史李盧己傳）

劉蟠

劉蟠遷左諫議大夫卒嘗受詔巡茶淮南，部民私販者衆，蟠乘羸馬偽稱商人，抵民家求市茶民家不疑，出與之即擒寘於法（宋史劉蟠傳）

張忠定

忠定張俏書宰鄂州崇陽縣。崇陽多曠土民不務耕織，唯以植茶為業。忠定令民伐去茶園，誘之使種桑，自此茶園漸少，而桑麻特盛於岳鄂之間。至嘉祐中改茶法，湖湘之民苦於茶租獨崇陽茶租最少民監

他邑思公之惠，立廟以報之。民有入市買菜者公召諭之曰：「邑居之民，無地種植，且有他業，賣菜可也

汝村民皆有土田何不自種，而費錢買菜？」笞而遣之自後人家置圃至今謂盧服爲陳知縣菜。（補筆

談）

陳晉公

陳晉公爲三司使，將立茶法，召茶商數十八俾各條利害。晉公閱之，爲第三等語副使宋太初曰：「吾觀

上等之說，取利太深此可行於商賈而不可行於朝廷下等固減裂無取唯中等之說公私皆濟吾裁損

之可以經久。」於是爲三等稅法行之數年貨財流通公用足而民富實世言三司使之才以陳公爲稱

首後李侍郎諮爲使改其法而茶利浸失後雖屢變然非復晉公之舊法也。（東軒筆錄）

何蒙

何蒙通判盧州巡撫使潘愼修薦其材敏驛召至京因面對訪以江淮茶法，蒙條奏利害稱旨賜緋魚及

錢十萬。（宋史何蒙傳）

李若谷

李若谷知宜興縣官市湖洑茶歲約戶稅爲多少率取足貧下若谷始置籍，備勾檢茶惡者舊沒官若谷

使歸之民，許轉貿以償其數。（宋史李若谷傳）

索湘

索湘，爲河北轉運使。先是邊州置榷場與蕃夷互市，而自京輦物貨以充之，其中茶茗最爲煩擾，復道遠多損敗。湘建議請許商賈緣江載茶詣邊郡入中，既免道途之耗，復有征筭之益。（宋史索湘傳）

李溥

李溥領順州刺史，遷樊州團練使。溥自言江淮歲入茶視舊額增五百七十餘萬斤，會溥當代，詔留再任，特遷宮苑使。初，譙縣尉陳齊論榷茶法，溥薦齊任京官御史中丞王嗣宗方判吏都銓言豪民子不可用。眞宗以問執政馮拯對曰：「若用有材豈限貧富？」帝曰：「卿言是也。」因稱溥畏愼小心言事未嘗不中利害，以故任之益不疑。（宋史李溥傳）

姚仲孫

姚仲孫，知建昌縣。初，建昌運茶抵南康，或露積於道間，爲霖潦所敗，主吏至破產不能償。仲孫爲劵吏民輸山木即高阜爲倉邑人利之。（宋史姚仲孫傳）

王隨

王隨爲三司鹽鐵副使，時龍圖閣學士馬季良方用事建言京師買人常以賤價居茶鹽交引，請官置務，收市之。季良挾章獻媚家，衆莫敢迕其意，隨獨不可曰：「與民競利豈國體耶？」擢天章閣待制。（宋史

王褧傳）

方偕

方偕知建安縣，縣產茶，每歲先社日，調民數千，鼓譟山旁，以達陽氣。偕以爲害農，奏罷之。（宋史方偕傳）

李允則

李允則累遷供備庫副使，知潭州。初馬氏暴斂欲州人出絹謂之地稅；潘美定湖南計屋輸絹謂之屋稅營田戶給牛歲輸米四斛，牛死猶輸謂之枯骨稅，民輸茶初以九斤爲一大斤，後益至三十五斤。允則清除三稅，茶以十三斤半爲定制，民皆便之。（宋史李允則傳）

李溥

李溥爲江淮發運使。每歲奏計則以大船載東南美貨，結納當途，莫知紀極。章獻太后垂簾時，溥因奏事盛稱浙茶之美云：『自來進御唯建州餅茶，而浙茶未嘗修貢，本司以羨餘錢買到數千斤乞進入內』自國門挽船而入稱進奉茶綱，有司不敢問，所貢餘者悉入私室。溥晚年以賄敗竄謫海州，然自此遂爲發運司歲例，每發運使入奏，舳艫蔽川，自泗州七日至京。予出使淮南時，見有重載入汴者，求得其籍言兩浙牋紙三暖船，他物稱是。（夢溪筆談）

韓憶

韓憶判大理寺丞三司更茶法歲課不登。憶承詔劾之，由丞相而下皆坐失當之罰，其不撓如此。（宋史韓憶傳）

李師中

李師中舉進士，郵延龐籍辟知洛川縣。民負官茶直十萬緡追繫其衆，師中為脫桎梏語之曰：「公錢無不償之理，寬與汝期，可乎？」皆感泣聽命，乃令鄉置一匭籍其名許日輸所負一錢以上輒投之書籍而去比終歲逋者盡足（宋史李師中傳）

尹師魯

尹師魯為帥與劉滬董士廉鬨，議水洛城事既矛盾，朝旨召尹至闕送中書，給紙札供桥昭文呂申公聚廳啜茶令堂吏直一甌投尹曰：「傳語龍圖不欲攀請只令送茶去。」時集相幸師魯之議將屈笑謂諸公曰：「尹龍圖莫道建茶磨去磨來漿水亦咽不下。」師魯之遽去政堂切近聞之擲筆於案屬聲曰：「是何委巷猥語輒入廟堂真治世之不幸也。」集相愧而衔之，後致身於禍辱，根於此也。（湘山野錄）

孫長卿

長卿歷開封鹽鐵判官，江東淮南河北轉運使，江浙荆淮發運使時將弛茶禁而收其征召長卿議長卿

曰『本祖宗榷茶，蓋將備二邊之糴，且不出都內錢公私以爲便，今之所行不足助邊糴什一，國用耗

矣』乃條所不便十五事不從改陝西都轉運使。（宋史孫長卿傳）

賜茶

初，貢團茶及白羊酒惟見任兩府方賜之。仁宗朝，及前宰臣歲賜茶一斤，酒二壺，後以爲例。（甲申雜

記）

梁適

梁適進中書門下詳章事京師茶賈負公錢四十萬緡鹽鐵判官李虞卿案之急買榷與吏爲市內交於

適子弟適出虞卿提點陝西刑獄。（宋史梁適傳）

王庠

王庠字夢易登皇祐第嘗攝與州，改川茶運鹺茶舖免役民歲課亦辦部剌史恨其議不出己以他事中

之鐫三秩罷歸。（宋史王庠傳）

李稷

李稷，提舉蜀部茶場甫兩歲羨課七十六萬緡擢鹽鐵判官詔推揚其功以勸在位。（宋史李稷傳）

蘇轍

公在諫垣論蜀茶。神宗朝量收稅。李杞、劉佑、蒲宗閔取息初輕後益重立法愈峻；李稷始議極力搜取民間遂困。稷引陸師閔共事額至一百萬貫。陸師閔又乞額外以百萬貫爲獻。成都置都茶場公條陳五害，乞放榷法令民自作交易但收稅錢不出長引止令所在場務壞數抽買博馬茶勿失武備而已言師閔百端陵虐細民除茶遞官吏養兵所費所收錢七八十萬貫蜀人泣血無所控告。講畫纖悉曲折利害昭炳時小呂申公常軸歎曰：「只謂蘇子由儒學不知吏事精詳至于如此。」公論役法尤爲詳盡識者韙之（欒城先生遺言）

程之邵

程之邵元符中主管茶市馬至萬匹得茶課四百萬緡。童貫用師熙岷，不俟報運茶往博糴發錢二十萬意佐用度連加直龍圖閣集賢殿修撰三進秩爲熙河轉都運使。（宋史程之邵傳）

吳中復

吳中復從孫擇仁，知熙州從永興軍走馬承受藍從熙言其擅改茶法奪職免。（宋史吳中復傳）

梅執禮

梅執禮歷比部員外郎，比部職勾稽財貨文牒山委牽不暇經目苑吏有持茶卷至爲錢三百萬者以楊

戢旨意，追取甚急。執禮一閱知其妄欲白之長，貳疑不敢，乃獨列上果詐也。改度支吏部，進國子司業。

（宋史梅執禮傳）

李琚

李琚知房州時，既榷官茶，復彊民輸舊額貧無所出，被繫者數百人；琚至即日盡釋之。（宋史李琚傳）

唐文若

唐文若通判洋州，洋西鄉縣產茶，凡陵谷八百餘里；山窮險，賦不盡括。使者韓球將增賦以市寵，園戶避

苛斂韓徙饑饉相藉。文若力爭之，賦迄不增（宋史唐文若傳）

李燾

李燾知常德府境多茶園，異時禁切商賈率至交兵。燾曰：『官捕茶賊豈禁茶商。』聽其自如訖無警累。

表乞閣提舉興國宮秩。（宋史李燾傳）

趙崇憲

趙汝愚字崇憲，知江州郡瑞昌民負茶引錢新舊累積爲一十七萬有奇皆困不能償，死則以責其子孫，

猶弗貸會新卷行視舊價幾倍蓰崇憲歎曰：『負茶之民愈困矣。』亟請以新卷一償舊卷二詔從之蓋

受賜者千餘家刻石以記其事。（宋史趙汝愚傳）

茶商軍

鄭清之登進士第，調峽州教授。湖北茶商羣聚暴橫，清之白總領何炳曰：「此輩精悍宜籍爲兵，緩急可用。」炳亟下召募之令趨者雲集號曰茶商軍後多賴其用。（宋史鄭清之傳）

賈鉉

賈鉉遷左諫議大夫兼工部侍郎，上書論山東採茶事其大槩以爲茶樹隨山皆有一切護邏已奪民利，因而以揀茶樹執誣小民嚇取貨賂宜嚴禁止，仍令按察司約束。上從之。（金史賈鉉傳）

幹事驛官

江南有驛官以幹事自任白太守曰：「驛中已理，請一閱之。」乃往初至一室，爲酒庫諸醞皆熟其外畫神問：「何神也」曰：「杜康。」刺史曰：「公有餘也」又一室曰茶庫諸茗畢備復有神問：「何神也？」曰：「陸鴻漸」刺史益喜又有一室曰葅庫諸葅畢具復有神問：「何神也」曰「蔡伯喈」刺史大笑曰：「不必置此」（茶錄）

御史茶瓶

御史三院，一曰臺院，其僚曰侍御史；二曰殿院，其僚曰殿中侍御史；三曰察院，其僚曰監察御史。察院廳居南。會昌初監察御史鄭路所葺禮察廳謂之松廳廳南有古松也。刑察廳謂之魘廳寢於此多鬼魔也兵

察廳掌中茶茶必市蜀之佳者貯於陶器以防暑濕御史躬親監啓故謂之御史茶瓶。（御史臺記）

團茶

故事，建州歲貢，大龍鳳團茶各二斤以八餅為斤。仁宗時，蔡君謨知建州，始別擇茶之精者為小龍團十

斤以獻。斤為十餅。仁宗以非故事命劾之。大臣為請，因留而免劾。然自是遂為歲額。熙寧中，賈青為福建

轉運使又取小團之精者為密雲龍，以二十餅為斤，而雙袋謂之雙角團茶。大小團袋皆用緋通以為賜

也。密雲獨用黃蓋專以奉玉食，其後又有為瑞雲翔龍者。宣和後團茶不復貴，皆以為賜，亦不復如向日

之精，後取其精者為揀茶歲賜者不同不可勝紀矣（石林燕語）

茶貨

國初沿江置務收茶名曰榷貨務，給賣客旅，如鹽貨然，人不以為便。淳化四年二月癸亥詔廢沿江八處

應茶商並許於出茶處市之。未幾有司恐課額有虧復請於上六月戊戌詔復舊制六飛南渡後官不能

運致茶貨而榷貨務只賣茶引矣（燕翼詒謀錄）

貢茶詩

袁高：「禹貢通遠俗所圖在安人后王失其本職吏不敢陳亦有奸佞者因茲欲求伸勤生千金費日使

萬姓貧我來顧渚源得與茶事親吡欶耕農耒探採實苦辛一夫且當役盡室皆同臻捫葛上攲壁蓬頭

入荒榛。終朝不盈掬，手足皆鱗皴。悲嗟遏空山，草木為不春。陰嶺芽未吐，使者牒已頻。心爭造化先，走挺

麋鹿均。選納無晝夜，搗聲昏繼晨。眾工何枯橋？俯視彌傷神。皇帝尚巡狩，東郊路多堙。周迴遶天涯，所獻

愈艱勤。況值兵革困，重茲因疲民。未知供御餘，誰合分此珍？顧省忝邦守，又慚復因循茫茫滄海間，丹憤

何由伸」右高所賦茶山詩也。案唐制「湖州造貢茶最多謂之顧渚貢焙，歲造一萬八千四百斤」大厤後，

始有進奉建中二年，高刺郡進三千六百串幷詩此一章刻石在貢焙，故杜鴻漸與楊祭酒書云「顧渚

中山紫笋茶兩斤此物但恨帝未得嘗實所歎息。一斤上太夫人一片充昆弟同歠」開成三年，以貢不

如法停刺史裴充官。（全唐詩話）

貢茶得官

高齋詩話云：鄒可簡以貢茶進用累官職至右文殿修撰關建路轉運使其姪千里，於山谷間得朱草可

簡令其子待問進之因此得官好事者作詩云「父貴因茶白兒榮為草朱。」而千里以從父奉朱草以

子子，讀讀不已，待問得官而歸盛集慶親姻畢集衆皆贊喜可簡云「一門僥倖」其姪遂云「千里

埋冤」衆皆以為的對是時貢茶一方騷動故也。（茗溪漁隱叢話）

進茶

茗溪漁隱曰：余觀東坡荔支歎，注云，大小龍茶，始於丁晉公，而成於蔡君謨。歐陽永叔聞君謨進小龍團，

驚歎曰：『君謨士人也，何至此作事』今年閩中監司，乞進鬥茶，許之，故其詩云：「武夷谿邊粟粒芽前

丁後蔡相籠加爭新買寵各出意今年鬥品充官茶」則知始作俑者大可罪也。（茗溪漁隱叢話）

茶額

宋南渡以前，蘇州買茶定額六千五百斤，元則無額國朝茶課驗科徵納計錢三百一十九萬三千有奇，

唯吳縣長洲有之。（太平清話）

茶貢

穀雨節前邑侯采辦東山「洞庭碧螺春」茶入貢謂之茶貢。

案府志：茶出吳縣西山以穀雨前為貴。王應奎柳南隨筆云：洞庭東山碧螺峯石壁產野茶數株，每歲土

人持竹筐探歸以供日用歷數十年如是，未見其異也。康熙某年，按候采者如故，而其葉較多筐不勝貯，

因置懷間茶得熱氣異香忽發探茶者爭呼「嚇煞人香」。「嚇殺人」者，吳中方言也。因遂以名是茶

云。自是以後每值採茶土人男女長幼務必沐浴更衣盡室而往貯不用筐悉貯懷間。而土人朱正元獨

精製法出自其家尤稱妙品。康熙己卯，車駕南巡幸太湖巡撫宋犖購此茶以進。上以其名不雅馴題之

曰「碧螺春」。自是地方大吏歲必探辦而售者往往以僞亂眞。正元沒製法不傳卽眞者亦不及曩時

矣。（清嘉錄）

進芽茶

舊例，禮部主客司，歲額六安州霍山縣，進芽茶七百斤，計四百袋，袋重一斤十二兩，由安徽布政司解部，其奉檄權茶者，則六安州學正也聞是役在昔顏爲民累竊惟京華人海，百物充軔聖人愛民如子他日封疆大吏必有奏請免進以蘇民困者。（燕下鄉脞錄）

品名

常魯公

常魯公使西蕃，烹茶帳中。贊普問曰：『此爲何物？』魯公曰：『滌煩療渴，所謂茶也。』贊普曰：『我此亦有』途命出之，以指曰：『此壽州者此舒州者此顧渚者此蘄門者此昌朋者此㴩湖者』（唐國史補）

綠華紫英

同昌公主上每賜饌，其茶則有綠華紫英之號。（杜陽雜編）

玉蟬膏

顯德初，大理徐恪，見貽卿信鋌子茶，茶面印文曰「玉蟬膏，」一種曰「清風使。」恪建人也。（清異

（錄）

符昭遠

符昭遠不喜茶，嘗為御史同列會茶嘆曰：「此物面目嚴冷了無和美之態，可謂『冷面草』也。飯餘嚼佛眼荈以甘菊湯送之，亦可爽神。」（清異錄）

龍坡茶

開寶中，竇儀以新茶飲予味極美匣而標云：「龍陂山子茶。」龍陂是顧渚山之別境。（清異錄）

蔡君謨別茶

蔡君謨善別茶後人莫及。建安能仁院，有茶生石縫間，寺僧採造得茶八餅，號石巖白，以四餅遺君謨，以四餅密道人走京師，遺王內翰禹玉。歲餘，君謨被召還闕，訪禹玉。禹玉命子弟於茶笥中選取茶之精品者碾待君謨。君謨捧甌未嘗輒曰：「此茶極似能仁石巖白，公何從得之？」禹玉未信，索茶帖驗之，乃服。

王荆公為小學士時嘗訪君謨，君謨聞公至喜甚。自取絕品茶親滌器烹點以待公冀公稱賞公於夾袋中取消風散一撮投茶甌中併食之。君謨失色。公徐曰：「大好茶味。」君謨大笑且歎公之真率也。（墨客揮犀）

蔡君謨製小團

蔡君謨議茶者，莫敢對公發言，建茶所以名重天下，由公也。後公製小團，其品尤精於大團。一日，福唐蔡

葉承秘校召公啜下團坐久，復有一客至公啜而味之曰：『非獨小團，必有大團雜之。』丞驚呼，童曰：

『本碾造二人茶繼有一客至造不及乃以大團薈之。』丞神服公之明審。（墨客揮犀）

曾坑小團

蔡君謨始作小團茶入貢，意以仁宗閟未立而悅上心也。又作曾坑小團歲貢一斤，歐陽文忠所謂南府

共賜一餅者是也。元豐中取揀芽不入香作密雲龍茶小於小團而厚實過之。終元豐外臣未始識之。宣

仁垂簾始賜二府及裕陵宿殿夜賜碾成末茶二府兩指許二小黃袋其自如玉上題曰：「揀芽」亦神

宗所藏。至元祐末顏建轉運司又取北苑槍旗建人所作闘茶者也以為瑞雲龍請進不納。紹聖初方入

貢歲不過八團其製與密雲等而差小也。（續聞見近錄）

密雲龍

「密雲龍」茶極為甘馨時黃秦晁張，號蘇門四學士子瞻待之厚，每來必令侍妾朝雲取「密雲龍」。

山谷有「齋雲龍」亦茶名。（東坡集）

貢茶丐賜

自熙寧後始貴「密雲龍」每歲頭綱修貢奉宗廟及供玉食外賚及臣下無幾。戚里貴近丐賜尤繁宣

仁一日慨歎曰：『令建州今後，不得造密雲龍，受他人煎炒不得也，出來道：我要密雲龍，不要團茶。揀好

茶吃了生得甚意智！』此語既傳播於縉紳間，由是密雲龍之名益著。淳熙間，親黨許仲啓官蘇沙得北

范修貢錄序以刊行其間載歲貢十有二綱凡三等四十有一名。第一綱曰龍熔貢新止五十餘夸貴重

如此。獨無所謂密雲龍豈以貢新易其名或別爲一種又居密雲龍之上耶葉石林云熙寧中賈青爲福

建轉運使取小團之精者爲密雲龍以二十餅爲斤而雙袋謂之雙角大小團袋皆非通以爲賜密龍

獨用黃云（清波雜志）

　　倪元鎮

倪元鎮素好飲茶在惠山中用核桃松子肉和眞粉成小塊如石狀置茶中名曰「清泉白石茶。」有趙

行恕者，宋宗室也，慕元鎮清致訪之坐定童子供茶行恕連啜如常，元鎮艴然曰『吾以子爲王孫故出

此品乃略不知風味眞俗物也』自是交絕（雲林遺事）

　　無味

顧彥先曰：『有味如膳，飲而不醉無味如茶，飲而醒焉，醉人何用也？』（秦子）

　　皋盧茗

酉平縣出皋盧茗之利茗葉大而澀南人以爲飲。（廣州記）

無酒茶

，茶叢生眞貴飲爲茗茶莄橄子之屬鬻煎之，或以茱萸及脯胃汁爲之，曰茶有赤色者，亦米和膏煎曰無酒茶（廣志）

過羅

茗，苦澀亦謂之過羅。（南越志）

茶花

茶花狀似梔子，其色稍白。（桐君錄）

名品

風俗貴茶之名品益衆。劍南有蒙頂石花，或小方，或散芽號爲第一湖州有顧渚之紫筍；東川有神泉小團昌明獸目峽州有碧澗明月芳蕊茱萸；福州有方山之露芽夔州有香山；江陵有南木；湖南有衡山；岳州有灉湖之含膏常州有義興之紫筍婺州有東白睦州有鳩坑洪州有西山之白露壽州有霍山之黃芽；蘄州有蘄門團黃而浮梁之商貨不在焉（唐國史補）

茸與茗

茶葉如梔子可鬻爲飲其老葉謂之茸嫩葉謂之茗。（魏王花木志）

草茶與龍鳳茶

臘茶出於劍建，草茶盛於兩浙，兩浙之品，日注為第一。自景祐已後，洪州雙井白芽漸盛，近歲製作尤精，囊以紅紗不過一二兩以常茶十數斤養之用辟暑濕之氣其品遠出日注上遂為草茶第一。

茶之品莫貴于龍鳳謂之團茶凡八餅重一斤。慶曆中，蔡君謨為福建路轉運使始造小片龍茶以進，其品絕精謂之小團凡二十餅重一斤其價值金二兩然金可有而茶不可得每因南郊致齋中書樞密院各賜一餅四人分之宮人往往縷金花于其上蓋其貴重如此。（歸田錄）

雀舌

茶芽古人謂之雀舌麥顆言其至嫩也今茶之美者其質素良而所植之木又美則新芽一發便長寸餘，其細如針唯芽長為上品以其質幹土力皆有餘故也。如雀舌麥顆者極下材耳乃北人不識誤為品題，予山居有茶論嘗茶詩云：「誰把嫩香名雀舌定來北客未曾嘗不知靈草天然異一夜風吹一寸長。」

（夢溪筆談）

團茶

有唐茶品以陽羨為上供建溪北苑未著也。貞元中，常袞為建州刺史，始蒸焙而研之，謂之研膏茶，其後稍為餅樣其中故謂之一串。陸羽所烹惟是草茗爾造至本朝，建溪獨盛採焙製作，前世所未有也。士大

夫珍尚鑒別，亦過古先。丁晉公為福建轉運使，始製為鳳團，後又為龍團，貢不過四十餅，專擬上供，雖近

臣之家，徒聞之而未嘗見也。天聖中又為小團，其品迥加于大團，賜兩府，然止於一斤，唯上大齋宿八人

兩府共賜小團一餅，縷之以金八人拆歸以侈，非常之賜，親知瞻玩以詩。故歐陽永叔有龍茶小錄，

或以大團問者，輒方刲寸以供佛供仙家廟已而奉親并待客享子弟之用。熙甯末神宗有旨建州製密

雲龍，其品又加於小團矣。然密雲之出，則二團少粗，以不能兩好也。予元祐中詳定殿試是年秋為制舉

考第官，各蒙賜三餅，然親知誅責殆將不勝。宣仁一日歎曰：『指揮建州，今後更不許造密雲龍，亦不要

團茶揀好茶喫了，生得甚好意智。』熙甯中，蘇子容使虜，姚麟為副曰：『盍載些小團茶乎？』子容曰：

『此乃供上之物，儔敢與虜人』未幾，有貴公子使虜，廣貯團茶，自爾虜人非團茶不納也，非小團不貴

也彼以二團易蕃羅一匹，此以一羅酬四團。少不滿則形言語，近有貂使邊以大團為常供，密雲為好茶。

（畫墁錄）

茶墨

司馬溫公云：『茶墨正相反。茶欲白墨欲黑；茶欲新墨欲陳；茶欲重墨欲輕；如君子小人不同，至如喜乾

而惡濕裹之以囊，水之以色，皆君子所好玩則同也』（畫墁錄）

十絹

建州龍焙西北謂之北苑，有一泉極清澹，謂之御泉。用其池水造茶，即壞茶味。唯龍園勝雪白茶二種謂

之水芽蒸後揀，每一芽先去外兩小葉謂之烏帶，又次取兩嫩葉謂之白合留小心芽置於水中呼為

水芽聚之稍多即研焙為二品，即龍園勝雪白茶也。茶之極精好者，無出于此，每胯計工價近三十千其

他茶雖好皆先揀而後蒸研，其味次第減也。茶有十綱：第一第二綱太嫩，第三綱最妙，自六綱至十綱小

團至大團而上。第一名曰試新，第二名曰貢新，第三名有十六色：龍園勝雪、白茶、萬壽龍芽、御苑玉芽上

林第一、乙夜清供、龍鳳英華、玉除清賞、承平雅玩、啓沃承恩、雲葉雪英、蜀葵金錢、玉華千金。第四有十二

色：無比壽芽宜年寶玉、清慶雲、無彊壽龍、萬春銀葉、玉葉長春、瑞雲翔龍、長壽玉圭香口焙、與國岩

品揀芽、新收揀芽。第五次有十二色：太平嘉瑞、龍苑報春、南山應瑞、興國岩小龍、又小鳳、續入額御苑玉

芽、萬壽龍芽、無比壽芽、瑞雲翔龍、先春太平嘉瑞、長壽玉圭以下五綱皆大小團也。（西溪叢語）

異名

茶之所產，六經載之詳矣，獨異美之名未備，謝氏論茶曰：「此丹丘之仙茶，勝烏程之御荈，不止味同露

液白况霜華豈可為酪蒼頭，便應代酒從事」楊衒之作洛陽伽藍記曰：「食有酪奴」指茶為酪粥之

奴也。杜牧之詩「山實東南秀茶稱瑞草魁」皮日休詩「十盞前皇盧」曹鄴詩「劍外尤華美」施

肩吾詩「茶為滌煩子酒為忘憂君」此見于詩文者若南越志若苦澀為之果羅北苑曰葉布絕品像

葦曰白露曰白茅，南劍曰石花曰鐵芽，東川曰獸目，湖常具，白茶筍，壽州曰黃第，福建曰生第，露第，岳陽

曰含膏外此無多，顏疑似者不書若背蝦須鵲舌蟹眼瑟瑟霏霏褐及皷浪湧泉琉璃眼碧玉池又皆茶

事中天然偶字也。（臆乘）

新茶

公言茶品高而年多者必稍陳，遇有茶處，春初取新芽輕炙雜而烹之氣味自復在。襄陽試作甚佳嘗語

君謨亦以為然。（王氏談錄）

精茶

茶之精者北苑名曰乳頭江左有金蠟而李氏別命取其乳作片或號曰京挺的乳二十餘品又有研膏

茶即龍品也。（談苑）

夾趾茶

李仲賓學士言夾趾茶，如綠苦味辛烈名之曰登。（研北雜志）

佳品

學林新編云茶之佳品造在社前，其次則火前，謂寒食前也。其下則雨前，謂穀雨前也。佳品其色白若碧綠者乃常品也。茶之佳品芽蘗細微不可多得若取數多者皆常品也。茶之佳品皆點啜之，其煎啜之者，

皆常品也。齊己茶詩曰：「甘傳天下口，貴占火前名」又曰：「高人愛惜藏嵓裏，白甀封題寄火前」。丁謂茶詩曰：「開緘試新火須汲遠山泉」凡此皆言火前蓋未知社前之品為佳也。鄧谷茶詩曰：「入坐半甌輕泛綠開緘數片淺含香」鄧雲叟茶詩云：「羅囊碧粉散嘗見綠花生」沈存中論茶謂「黃金碾畔綠塵飛碧甌中翠濤起」宜改綠為玉翠為素，此論可也。而舉「一夜風吹一寸長」之句以為茶之精美不必以雀舌鳥觜為貴今茶芽至於一寸長則其芽葉大矣非佳品也。存中此論曲矣。盧仝茶詩曰：「開緘宛見諫議面手閱月團三百片。」薛能謝劉相公寄茶詩曰：「兩串春團敵夜光名題天柱印維揚。」茶之佳品珍踰金玉未易多得，而以三百片惠盧仝，以兩串寄薛能者，皆下品可知也。齊己詩「角開香滿室，爐動綠凝鐺」丁謂詩曰：「末細烹還好，鐺新味更全。」此皆煎啜之也；前啜之者非佳品矣。唐人以茶雖有陸羽為之說，而持論未精，至本朝蔡君謨茶錄既行，則持論精矣。以茶錄而毀前賢之詩皆未知佳品者也。（茗溪漁隱叢話）

出處

遯齋閑覽云：茶古不著所出，本草云出益州。唐以蒙山、顧渚、蘄門者為上品；尚雜以燕椒之類。故泌詩云：「旋沫翻成碧玉池添蘇散出琉璃眼」遂以碧色為貴止日煎茶不知點試之妙大率皆草茶也。陸羽茶經統言福建泉韶等一州所出者其味極佳而已。今建安為天下第一。（茗溪漁隱叢話）

北苑新茶

茗溪漁隱曰：建安北苑茶始於太宗朝，太平與國二年，遣使造之，取像於龍鳳以別庶飲，由此入貢，至道間，仍添造石乳，其後大小龍茶又起于丁謂，而成於蔡君謨，謂之將漕閩中，實董其事，賦北苑焙新茶詩，其序云天下產茶者將七十郡半，每歲入貢皆於社前火前為名，悉無其實，惟建州出茶有焙，焙有三十六，三十六中惟北苑發早而味尤佳，社前十五日，即採其芽日數千工聚而造之，逼社即入貢，工甚大造，甚精皆藏於所撰建陽茶錄，仍作詩以大其事云：「北苑龍茶者甘鮮的是珍。四方惟數此萬物更無新。

縷吐微萌侔麥顆，初沾少許春。散尋索遍急採上山頻。宿葉寒猶在，芳芽冷未伸茶炎溪口焙，籠籠雨中陳。

長炎勾萌侔，開齊分兩均，帶煙蒸雀舌，和露疊龍鱗。作貢勝諸道，先嘗祇一人。緣封瞻闕下，鄉傳渡江濱。

特旨留丹禁，殊恩賜近臣。曖為靈藥助，用與上尊親。頭進英華盡，初烹氣味醇。細香勝卻麝，淺色過于筠。

顧渚嘗投木，宜都愧積薪。年年號供御，天產壯甌閩。」此詩敍貢茶，頗為詳盡，亦可見當時之事也。又諗

讚茶錄序云：「臣前因奏事伏蒙陛下諭臣，先任福建轉運使日，所進上品龍茶最為精好。臣退念草木之微，首辱陛下知鑒，若處之得地則能盡其材。昔陸羽茶經不第建安之品，丁謂茶圖獨能採造之本，至於烹試曾未有聞，輒條數事簡而易明，勒成二篇名曰《茶錄》」至宣政間，鄭可簡以貢茶進用久領漕計，創添續入其數浸廣，今猶因之細色茶五綱凡四十三品形製各異共七千餘餅其間貢新試新龍團勝

零，白茶御苑玉芽，此五品乃水揀為第一，乃生揀次之；又有粗色茶七綱，凡五品大小龍鳳併揀芽悉入龍腦和膏為團餅茶共四萬餘餅東坡題文公詩卷云：「上人間我留連意待賜頭綱八餅茶」即今閩色紅綾袋餅八者是也。蓋水揀茶即社前者生揀茶即火前者粗色茶即雨前者閩中地暖雨前茶已老而味加重矣。山谷和陽王休點密雲龍詩云：「小璧雲龍不入香，元豐龍焙承詔作」今細色茶中卻無此一品也。又有石門乳吉香口三外焙亦隸于北苑，皆採摘茶芽送官焙添造每歲廳金共二萬餘綱日役千夫方能訖事第所造之茶不許過數入貢之後市無貨者人所罕得惟壑源諸處私焙茶其絕品亦可敵官焙自昔至今亦省入貢其流販四方悉私焙茶耳蘇黃皆有詩稱道壑源茶蓋壑源與北苑為鄰山阜相接縱二里餘其茶甘香特在諸私焙之上。東坡和曹輔寄壑源試焙新茶詩云：「仙山靈雨溼行雲洗遍香肌粉未勻好月來投玉川子清風吹破武陵春要知玉雪心腸好不是膏油首面新戲作小詩君一笑從來佳茗似佳人」山谷謝送碾壑源揀芽詩云：「矞雲從龍小蒼璧，元豐至今人未識。壑源包貢第一春細區碾香供玉食睿思殿東金井欄甘露薦椀天開顏，橋山事嚴庀百局補袞諸公省中宿中人傳賜夜未央雨露光照宮燭右丞似是李元禮好事風流有涇渭肯憐天祿校書郎親勅家庭遣分似春風飽識大官羊不慣腐儒湯餅腸搜攪十年燈火讀令我胸中書傳香已戒應門老馬走，客來問字莫載酒」（茗溪漁隱叢話）

茶色

茗溪漁隱曰：東坡詩，「春濃睡足午窗明，想見新茶如潑乳。」又云，「新火發茶乳。」此論皆得茶之正色矣。至贈謙師點茶則云「忽驚午盞兔毫斑打作春甕鵝兒酒。」蓋用老杜詩「鵝兒黃似酒，對酒愛鵝兒」若是則其色黃烏得為佳茗矣。今東坡前集，不載此詩想自知其非故刪去之。（茗溪漁隱叢話）

風味

湖人于茗不數顧渚而數羅岕，然顧渚之佳者，其風味已遠出岕下，岕稍清傷然葉蘧而作草氣。丁長孺嘗以半角見餉，且教余烹煎之法迨試之殊類羊公鶴，此余有解有未解也。余嘗品茗以武夷虎丘第一淡而遠也。松羅龍井英次之，香而艷也。天池又次之，常而不厭也。餘子瑣瑣勿置齒喙。（西吳枝乘）

茶樹

茶樹初採為茶，老為茗，再老為荈今概稱茗當是錯用事也。（枕譚）

騎火茶

龍安有騎火茶最上不在火前，不在火後故也。清明改火，故曰騎火茶。（五色線）

仙人茶

洞庭中西盡處，有仙人茶，乃樹上之苦鮮也，四皓探以為茶。（太平清話）

品茶

昨同徐茂吳至老龍井買茶，山民十數家各出茶。茂吳以次點試皆以為贗曰：『真者甘香而不洌，稍洌便為諸山贗品』得一二兩以為真物試之果甘香若蘭而山民及寺僧反以茂吳為非吾亦不能置辦。

偽物亂真如此。茂吳品茶以虎邱為第一常用銀一兩餘購其斤許寺僧以茂吳精鑒不敢相欺他人所

得雖厚價亦贗物也子晉云本山茶葉微帶黑不甚清翠點之色白如玉而作寒豆香宋人呼為白雪茶

稍綠便為天池物天池茶中雜數莖虎邱則香味迥別。虎邱其茶中王種耶芥茶精者應幾妃后天池龍

井便為臣種餘則民種矣。（快雪堂漫錄）

茶

松蘿之香馥馥開間後之味開間顧渚撲人鼻孔齒頰都異久而不忘。然其妙在造凡宇內道地之產性相

近也習相遠也吾深夜被酒發張震封所貽顧渚連啜而醒書此。（梅花草堂筆談）

秋葉

飲茶故富貴事茶出富貴人政不必佳何則？矜名者不旨其味貴耳者不知其神嚴重者不適其候馮先

生有言此事如法書名畫玩器美人不得着人手辯則辯矣先生嘗自為之不免白水之誚何居今日試

塔先生所貽秋葉色香與水相發，而味不全。民窮財盡巧偽萌生，雖有盧仝陸羽之好，此道未易恢復也。

甲子春三日。（梅花草堂筆談）

茶菊

甘菊單瓣味香甜性宜植，駢久則瓣漸稠，香亦漸減。塞菊差小而滿中，小鈴簇湊成枝，俗謂之金鈴菊。予所意東籬故種不過如此，顧未聞有茶菊也。黃介子自顧山來，貽茶菊一本，花似馬蘭中滿不鈴，而香韻清遠殊有金石荳花之氣，絕不類菊名茶常不諉耳。顧山菊冠江南其小品亦自超。（梅花草堂筆談）

雲霧茶

洞十從天台來，以雲霧茶見投取蠹惠水瀹之，勃勃有荳花氣，而力韻微怯，若不勝水者。故是天池之兄，虎丘之仲耳。然世莫能知豈山深地迥絕無好事者賞識耶？洞十云：「他山焙茶多夾雜此獨無有」果然卽不見知何患乎。夫使有好事者一日露其聲價苦他山，山僧競起雜之矣。是故衰于知名之物敝于長價。（梅花草堂筆談）

天池茶

夏初天池茶都不能三四碗。寒夜瀹之覺有新興豈厭常之習某所不免耶？將岕之盂足覺池之有餘乎？

或笑某子有芥癖當不然。辯者豈有二嗜歟某曰：「如君言，則曾西以羊棗作膾，屈到取芰而飲之也。孤

山處士妻梅子鶴可謂嗜矣道經武陵溪，酌桃花水一笑何傷乎」（梅花草堂筆談）

雨窗

焚香啜茗自是吳中人習氣，雨窗卻不可少。（梅花草堂筆談）

品泉

料理息庵方有頭緒，便擁爐靜坐其中，不覺午睡昏昏也。偶聞兒子書聲，心樂之，而爐間寥寥如松風響，

則茶且熟矣。三月不雨井水若甘露競局其門，而以瓶罌相遺何來惠泉，乃厭餼生饞口訊之家人輩云

舊藏得惠水二器寶雲泉一器亟取二味品之，而令兒子快讀李禿翁焚書惟其極醒極健者因憶壬寅

五月中著展燒燈品泉于吳城王弘之第自謂壬寅第一夜今日豈減此耶！（梅花草堂筆談）

紫筍茶

長興有紫筍茶土人取金沙泉造之乃勝。而泉不常有，禱之然後出事已輒涸某性嗜茶，而不能通其說。

詢往來貿茶人絕未有知泉所在者又不聞茶有紫筍之目大都於稱廟後洞山派沙止矣宋有紫萼玉

豈是耶？東坡呼小龍團便知山谷諸人爲客其貴重如此。自今思之政撝與調和鹽醬作伴耳。然莫須另

風味在古人當不浪說也。爐無炭茶與水各不見長書此爲雪士一笑（梅花草堂筆談）

六合

宜入藥品，但不善炒，不能發香而味苦，茶之本性實佳。（長物志）

松蘿

十數畝外皆非眞松蘿。茶山中亦僅有一二家，炒法甚精，近有山僧手焙者更妙。眞者在洞山之下，天池之上。新安人最重之，兩都曲中亦尙此，以易於烹煑且香烈故耳。（長物志）

廟後茶

陽羨茶數種，岕爲最，岕數種，廟後爲最。廟後方不能畝，外郡人亦爭言之矣。然雜以他茶試之，不辨也。色香味三淡，初得口泊如耳，有間甘入喉，有間靜入心脾，有間淸入骨嗟乎，淡者道也，雖吾邑士大夫家知此者可屈指焉。（秋園雜佩）

闉林茶

衡山水月林主僧靜音，餽余闉林茶一包，葆荣一瓶，闉則安切，音鑽平聲，衡人俗字也，此茶出石罅中，乃烏衙茶子墮罅中而生者極不易得，衡岳之上品也，最能消脹。（廣陽雜記）

武夷茶

武夷茶佳甚，天下茶品，常以陽羨老廟後爲第一，武夷次之，他不入格矣。（廣陽雜記）

品茶

余僑寓浦城，艱於得酒，而易於得茶。蓋浦城本與武夷接壤，即浦產亦未嘗不佳。而武夷焙法實甲天下，

浦茶之佳者往往轉運至武夷加焙，而其味較勝其價亦頓倍其實古人品茶初不重武夷，亦不精焙法

也。畫墁錄云「有唐茶品以陽羨爲上供，建溪北苑不著也。貞元中常衮爲建州刺史，始蒸焙而研之，謂

之研膏茶」丁晉公爲福建轉運使，始置爲鳳團」今考北苑，雖隸建州，然其名爲鳳凰山，其旁爲壑源沙

溪，非武夷也。東坡作鳳味硯銘有云「帝規武夷作茶圖，山爲孤鳳翔且嗅」又作荔支嘆云「君不見

武夷溪邊粟粒芽，前丁後蔡相籠加」直以北苑之名爲武夷漁隱叢話辯之甚詳謂北苑自

有一溪南流至富沙城下，方與西來武夷溪水合流東去劍溪，然又稱武夷未嘗有茶則亦非是據武夷

雜記云「武夷茶賞自蔡君謨始謂其過北苑龍團周右父極抑之蓋緣山中不曉焙製法一味計多狗

利之過」是朱時武夷已非無茶特焙法不佳而世不甚貴爾元時始於武夷置場官工員茶園百有二

所設焙局於四曲溪今御茶園賊山臺其遺迹並存至今日則武夷之茶不脛而走四方且粵東歲運

番舶通之外夷而北苑之名邃泯矣武夷九曲之末爲星村鬻茶者騈集交易於此多有販他處所產學

其焙法以贋充者即武夷山下人亦不能辨也。

余嘗再遊武夷信宿天游觀中每與靜參羽士夜談茶事。靜參謂茶名有四等茶品有四等。今城中州府

心一堂　飲食文化經典文庫

官辟及豪富人家，競尙武夷茶，最著者曰花香；其由花香等而上者，曰小種而已。山中則以小種爲常品，

其等而上者曰名種。此以下所不可多得，卽泉州廈門人所講工夫茶號稱名種者，實僅得其一二也。又

等而上之曰奇種，如雪梅木瓜之類，卽山中亦不可多得。大約茶樹與梅花相近者，卽引得梅花之味；與

木瓜相近者卽引得木瓜之味。他可類推，此亦必須山中之水方能發其精英，閱時稍久，而其味亦卽稍

退。三十六峯中不過數峯有之。各寺觀所藏每種不能滿一斤，用極小之錫瓶貯之，裝在各種大瓶中間，

遇貴客名流到山，始出少許鄭重瀹之。其用小瓶裝贈者，亦題奇種名種，雜以木瓜梅花等物以助

其香，非眞奇種也。至茶品之四等，一曰香花香小種皆有之。今之品茶者以此爲無上妙諦矣。不知

等而上之則曰淸香，而上則曰甘香，而不甘則苦茗也。再等而上之則曰活甘而

不活亦不過好茶而已。活之一字須從本辨之微乎微乎，然亦必瀹以山中之水方能悟此消息。此等

語，余嘗語人述之，則聞所未聞者，且恐陸鴻漸茶經未曾夢及此矣。憶吾鄉林越亭先生武夷雜詩中，

有句云：「他時詫朋輩，直飲玉漿回」非身到山中，鮮不以爲欺人語也。（歸田瑣記）

　　靜參品茶

梁茝林中丞嘗再游武夷，信宿天游觀，與靜參羽士談茶，靜參曰，茶名有四等，茶品有四等。

福州城中官吏富豪競尙武夷，最著者曰花香，有由花香等而上者曰小種；山中則以小種爲常品，又等

而上者曰名種，此爲山下所不可多得者，即泉州廈門人所講之工夫茶，號稱名種者實僅得小種也。又

等而上之曰奇種，如雪梅木瓜之類即山中亦不可多得。大抵茶樹與梅花相近者即引得梅花之味與

木瓜相近者即引得木瓜之味他可類推。且烹時亦必須山中之水方能發其精英閱時稍久而其味亦

即稍退三十六峯中亦僅數枞有之。寺觀所藏每種不能滿一斤，以極小錫瓶貯之裝於各種大瓶遇有

貴客名流至山始出少許鄭重淪之。其用小瓶裝者亦題曰奇種實皆名種雜以木瓜梅花等物助其香，

非眞奇種也。

至茶品之四等，一曰香花香小種之類皆有之，今之品茶者以此爲無上妙諦矣；不知等而上之，則曰淸，

香而不淸，猶凡品也。再等而上之，則曰甘香而不甘，則苦茗也。再等而上之，則曰活甘而不活，亦不過尋

常好茶而已。活之一字須從舌本辨之，微乎微矣，然亦必淪以山中之水，方能悟此消息也。（清稗類

鈔）

猴茶

溫州雁宕山有猴，每至晚春，輒採高山茶葉以遺山僧，蓋僧嘗於冬時知猴之無所得食也，以小袋盛米

投之，猴之遺茶所以爲答也。烹以泉水，味淸而腴，平陽宋燕生徵君恕嘗得之。（清稗類鈔）

效能

斛二瘕

桓宣武時有一督將，因時行病後虛熱更能飲複茗，必一斛二斗乃飽，纔減升合，便以爲不足；非復一日。家貧後有客造之正遇其飲複茗，亦先聞世有此病，仍令更進五升乃大吐有一物出如升大有口形質縮縐狀如牛肚。客乃令置之於盆中以一斛二斗複茗澆之此物噏之都盡而止覺小脹又加五升便悉混然從口中涌出既吐此物其病遂差或問之此何病笞云此病名斛二瘕。（搜神後記）

茶贊

文帝徵時夢神易其腦骨，自爾腦痛。忽遇一僧曰：「山中有茗草煑而飲之當愈常服之有效。」由是競采天下始知飲茶茶有贊其略曰：「窮春秋演河圖不如載茗一車」（隋書）

李德裕

昔有人授舒州牧，李德裕謂之曰：「到彼郡日天柱峯茶可惠三角」其人獻之數十斤李不受退還。明年罷郡用意精求獲數角投之。德裕閱而受曰：「此茶可以消酒食毒」乃命烹一甌沃於肉食內以銀合閉之詰旦因視其肉已化爲水衆服其廣識。（玉泉子）

吳僧文了

吳僧文了善烹茶游荆南，高保勉白於季與延置紫雲菴，日試其藝，保勉父子呼爲「湯神」奏授華定水大師上人目曰「乳妖。」（清異錄）

眞茶

飲眞茶令少睡眠。（博物志）

雷鳴茶井

有僧在蒙山頂見一老父云：「仙家有雷鳴茶井候雷發聲井中採摘一兩袪宿疾二兩當眼前無疾三兩換骨四兩爲地仙矣」（集靈記）

長年

東坡以茶性寒，故平生不飲，惟飲後濃茶漱齒而已。然大中三都，進一僧百三十歲，宣宗問服何藥，云性惟好茶飲至百碗少猶四五十碗以坡言律之必且損壽反得長年，則又何也？（唐錦夢餘錄）

香茗

香茗之用其利最溥。物外高隱，坐語道德，可以清心悅神初陽薄暝，與味蕭騷，可以暢懷舒嘯。晴窗搨帖，揮塵閒吟，篝燈夜讀可以遠辟睡魔。靑衣紅袖密語談私可以助情熱意。坐雨閉窗，飯餘散步可以遣寂

除煩醒醉延客，夜雨蓬廬長嘯空樓冰絃曩指可以佐歡解渴品之最優者以沉香岕茶爲首第焚炙有法必貞夫韻士乃能究心耳志香茗第十二（長物志）

飲酌

王肅

王肅，字恭懿，憶父非理受禍，常有子胥報楚之意，舉身素服，不聽音樂，時人以此稱之。肅初入國，不食羊肉及酪漿等，常飯鯽魚羹，渴飲茗汁，京師士子見肅一飲一斗，號爲漏巵。經數年已後，肅與高祖燕會，食羊肉酪粥，高祖怪之謂肅曰『卿中國之味也，羊肉何如魚羹，茗飲何如酪漿』肅對曰『羊者是陸產之最，魚者是水族之長，所好不同並各稱珍，以味言之，是有優劣，羊比齊魯大邦，魚比邾莒小國，唯茗不中與酪作奴』高祖大笑，因舉酒曰『三三橫，兩兩縱，誰能辨之賜金鍾。』御史中丞李彪曰：『沾酒老嫗甕注瓴，屠兒割肉與稱同』尚書右丞甄琛曰：『吳人浮水自云工，妓兒擲繩在虛空。』彭城王勰曰：『臣始解此是習字』。高祖即以金鍾賜彪，朝廷服彪聰明有知。甄琛和之亦速，彭城王謂肅曰『卿明日顧我，爲卿設邾莒之食，亦有酪奴』時給事中劉縞慕肅之風專習茗飲。彭城王謂縞曰：『卿不慕王侯八珍，好蒼頭

水厄，海上有逐臭之夫，里內有學顰之婦，以卿言之，即是也。」其彭城王家有吳奴以此言戲之，自是朝

貴燕會雖設茗飲皆恥不復食。唯江表殘民遠來降者飲焉。後蕭衍子西豐侯蕭正德歸降時，元義欲為

設茗，先問『卿於水厄多少。』正德不曉義意答曰『下官雖生於水鄉，而立身已來，未遭陽侯之難』

元義與舉坐之客大笑焉。（洛陽伽藍記）

岑義

三月上巳日上幸司農少卿王光輔莊駕還朝後中書侍郎南陽岑義設茗飲葡萄漿，與學士等討論經

史。（景龍文館記）

陸贄

陸贄字敬輿，蘇州嘉興人，十八第進士中博學宏辭，調鄭尉罷歸，壽州刺史張鎰有重名，贄往見語三日，

奇之請為忘年交既行，餽錢百萬曰『請為母夫人一日費』贄不納止受茶一串曰『敢不承公之賜』

（唐書陸贄傳）

六班茶

樂天方入關，劉禹錫正病酒。禹錫乃餉菊苗虀蘆菔鮓，換取樂天六班茶二囊以醒酒。（蠻甌志）

志崇

心一堂　飲食文化經典文庫

覺林院志崇收茶三等，待客以驚雷莢，自奉以萱草帶，供佛以紫茸香蓋最上以供佛，而最下以自奉也，

客赴茶者皆以油囊盛餘瀝以歸。（雲仙雜記）

顧義進茶

顧義四年春王遣右衞上將軍許確，進賀郊天細茶五百斤於唐。秋遣右威衞將軍需峴，獻新茶於唐。

（十國春秋吳睿帝本紀）

李嗣源

六年夏四月唐主殂李嗣源卽皇帝位改元天成。是月，王遣使獻新茶於唐。（十國春秋吳睿帝本紀）

耐重兒

通文二年國人貢建州茶膏製以異味膠以金縷名曰耐重兒，凡八枚。（十國春秋閩康宗本紀）

建州茶膏

有得建州茶膏，取作耐重兒八枚膠以金縷獻於閩王曦，遇通文之禍，為內侍所盜轉遺貴臣。（清異

錄）

的乳茶

保大四年二月，命建州製的乳茶號曰京挺臘茶之貢始罷貢陽羨茶。（十國春秋南唐元宗本紀）

和凝在朝率同列遞日以茶相飲，味劣者有罰，號爲湯社。（清異錄）

　　孫樵

孫樵送茶與焦刑部書云：「晚甘侯十五人遣侍齋閣。此徒皆請雷而摘，拜水而和。蓋建陽丹山碧水之鄉，月澗雲龕之品愼勿賤用之」（清異錄）

　　龍鳳飾

章獻明肅劉皇后，舊賜大臣茶有龍鳳飾。太后曰：『豈人臣可得』命有司別製入香京挺以賜之。（宋史后妃傳）

　　范鎮

范鎮拜端明殿學士，起提舉中太一宮，兼侍讀，且欲以爲門下侍郎。鎮雅不欲起，遂固辭，改提舉崇福宮。祖禹謁告歸省，詔賜以龍茶存勞甚渥。（宋史范鎮傳）

　　蘇軾

蘇軾拜龍圖閣學士，知杭州。宣仁后心善軾，軾出郊，用前執政恩例，遣內侍賜龍茶銀合，慰勞甚厚。（宋史蘇軾傳）

滌硯贈茶

黃實自言爲發運使，大暑泊淮泊淸淮樓，見米元章衣領鼻自滌硯于淮口索篋中一無所有獨得小龍團二餅，亟遣人送入趨其滌硯未畢也。（銷夏）

陳俊卿

俊卿淳熙二年，再命知福州累章告歸除特進起，判建康府兼江東安撫召對垂拱殿命坐賜茶。（宋史陳俊卿傳）

陳也罷

莆田愧齋陳公吉，性寬坦，在翰林時夫人嘗試之會客至，公呼茶夫人曰：『未煮。』公曰：『也罷。』又呼乾茶，夫人曰：『未買。』公曰：『也罷。』客爲捧腹時因號陳也罷。（雲林遺事）

代酒

南人好飲茶，孫皓以茶與韋昭代酒；謝安詣陸納，設茶果而已。北人初不識此，開元中，太山靈岩寺，有降魔師教禪者以不寐人多作茶飲因以成俗。（續博物志）

茗戰

建人謂鬬茶爲茗戰。（雲仙雜記）

茶湯

茶見于唐時，味苦而轉甘晚探者為茗。今世俗客至則啜茶去則啜湯，湯取藥材甘香者屑之，或溫或涼，未有不用甘草者，此俗徧天下。先公使遼，遼人相見其俗先點湯後點茶，至飲會亦先水飲然後品味但欲與中國相反本無義理。（可談）

始飲

飲茶，或云始於梁天監中，事見洛陽伽藍記，非也。按吳志韋曜傳：孫皓時，每宴饗無不竟日坐席無能否，飲酒率以七升為限雖不悉入口皆澆濯取盡；曜素飲不過二升，初見禮異時或為裁減或賜茶荈以當酒。如此言則三國時已知飲茶，但未能如後世之滋耳。逮唐中世權利，途與貴酒相抗迄今國計賴此為多。（南窻紀談）

襄字茶

文昌雜錄云：倉部韓郎中言叔父魏國公喜飲酒，至數十大觴，猶未醉；不甚喜茶，無精粗共置一籠，每盡，卽取碾亦不問新舊。嘗暑日曝茶於庭，見一小角上題「襄」字，蔡端明所寄也。因取以歸，直王家物。

賜茶

後見蔡說當時祇有九銙又以葉園一餅充數十以獻魏公其難得者如此。（苕溪漁隱叢話）

昔人以陸羽飲茶，比于后稷樹穀及觀韓翃序茶云：「吳主禮賢，方聞置茗；晉人愛客，纔有分茶。」則知開創之功非關桑苧老翁也若云在古茶勳未着則比時賜茶已一千五百串矣。（筆記）

閔老子茶

周墨農向余道閔汶水茶不置口。戊寅九月，至留都，抵岸即訪閔汶水於桃葉渡日哺，汶水他出遲其歸，乃嬃嬃一老方敘話遽起曰：「杖忘某所」又去余曰：「今日豈可空去」遲之又見，汶水返更定矣。睨余曰：「客尚在耶？客在奚為者」余曰：「慕汶水久今日不暢飲汶老茶決不去。」汶水喜自起當爐茶旋煮速如風雨導至一室明窗淨几荊溪壺成宣窰瓷甌十餘種皆精絕。燈下視茶色與瓷甌無別而香氣逼人余叫絕余問汶水曰：「此茶何產」汶水曰：「閬苑茶也。」余再啜之曰：「莫紿余，是閬苑製法，而味不似。」汶水匿笑曰：「客知是何產」余再啜之曰：「何其似羅岕甚也？」汶水吐舌曰：「奇奇」余問水何水曰：「惠泉」余又曰：「莫紿余，惠泉走千里水勞而圭角不動，何也？」汶水曰：「不復敢隱。其取惠水必淘非靜夜候新泉至旋汲之。山石磊磊藉甕底舟非風則勿行，故水不生磊即尋常惠泉猶遜一頭地況他水耶。」又吐舌曰：「奇奇」言未畢汶水去少頃，持一壺滿斟余曰：「客啜此。」余曰：「香撲烈味甚渾厚此春茶耶向瀹者的是秋採。」汶水大笑曰：「予年七十精賞鑒者無客比！」遂定交。

（陶庵夢憶）

古今茶事

李于鱗芥茶

李于鱗爲吾浙按察副使，徐子與以芥茶最精者餉之。比看子與照慶寺問及，則已賞皂役矣。蓋芥茶葉大多梗，于鱗北士不過宜矣。紀之以發一粲。季象說。（快雪堂漫錄）

董小宛

姬能飲自入吾門，見余量不勝蕉葉，遂能飲，每晚侍荊人數杯而巳。而嗜茶與余同性，又同嗜片界。每歲半塘顧子兼擇最精者緘寄具有片甲蝉翼之異，文火細烟小鼎長泉，必手自炊滌。余每誦左思嬌女詩「吹嘘對鼎𨱏」之句，姬爲解颐。至沸乳看蟹目魚鱗傳選月魂雲魄，尤爲精絕。每花前月下，靜試對嘗碧沈香泛真如木蘭霑露瑶草臨波備極盧陸之致。東坡云「分無玉椀捧蛾眉」余一生清福九年占盡九年折盡矣。（影梅菴憶語）

對花啜茶

對花啜茶，唐人謂之「殺風景」，宋人則不然。張功甫「梅花宜稱」有掃雪烹茶一條。放翁詩云「花塢茶新滿市香」蓋以此爲韻事矣。（冷廬雜識）

茶始

古人以謂飲茶始於三國時，謂吳志韋曜傳：孫皓每飲羣臣酒率以七升爲限。曜飲不過二升或爲裁減，

或賜茶茗以當酒。據此以爲飲茶之證。案：趙飛燕別傳成帝崩後，后一日夢中驚啼甚久。侍者呼問，方覺，

乃曰『吾夢中見帝帝賜吾坐命進茶。左右奏帝云向者侍帝不謹不合啜此茶』然則西漢時已嘗

有啜茶之說矣非始於三國也。（廣陽雜記）

高宗飲龍井新茶

杭州龍井新茶初以采自穀雨前者爲貴，後者於清明節前採者入貢爲頭綱，頒賜時人得少許細僅如

芒。瀹之微有香，而未能辦其味也。

高宗命製三清茶以梅花佛手松子瀹茶有詩紀之茶宴日卽賜此茶茶碗亦摹御製詩於上宴畢諸臣

懷之以歸。（清稗類鈔）

李客山與客啜茗

李客山名果長洲布衣艱苦力學忍飢誦經樵蘇不繼怡然自得所居亦湫隘良友至輒呼小童取一甌，

就茶肆潑茗共啜之。（清稗類鈔）

姚叔節從母乞茗飲

桐城姚永概字叔節，爲慕庭運同之叔子，母光恭人同邑直隸布政使聰諧女也。叔節兒時從塾中歸一

日恭人與其適馬其昶之長女方坐窗下論家事旁置茗一甌，叔節乞就飲之，頷盤恭人笑曰『兒畏苦

古今茶事

耶，何吾嗜之不覺也」。（清稗類鈔）

詩文

陸羽

陸羽字鴻漸，一名疾字季疵，復州竟陵人，不知所生，或言有僧得諸水濱畜之。既長，以易自筮，得蹇之漸，曰「鴻漸於陸其羽可用為儀」乃以陸為氏名而字之。幼時其師教以旁行書答曰：「終鮮兄弟而絕後嗣得為孝乎？」師怒，使執糞除污壤以苦之，又使牧牛三十。羽潛以竹畫牛背為字，得張衡南都賦，不能讀危坐效群兒囁嚅若成誦狀，師拘之令薙草莽。常其記文字憒憒若有遺，過日不作，主者鞭苦，因歎曰：「歲月往矣，奈何不知書！」嗚咽不自勝，因亡去，匿為優人作諧謔數千言。天寶中州人酺，吏署羽伶師，太守李齊物見之異之，授以書遂廬虎門山。貌倨陋口吃而辯聞人善若在己，見有過者規切至忤人朋友燕處意有所行，輒去人疑其多嗔。與人期雨雪虎狼不避也。上元初，更隱苕溪，自稱桑苧翁闔門著書，或獨行野中，誦詩擊木裴回不得意，或慟哭而歸，故時謂今接輿也。久之，詔拜羽太子文學徙太常寺太祝不就職。貞元末卒，羽嗜茶著經三篇，言茶之原、之法、之具尤備，天下益知飲茶矣。時鬻茶者，至陶羽形，置煬突間，祀為茶神。有常伯熊者，因羽論復廣著茶之功。御史大夫李季卿宣慰江南，次臨淮知伯熊善

羹茶召之。伯熊執器前，季卿爲再舉杯，至江南又有薦羽者，召之，羽衣野服，挈具而入。季卿不爲禮，羽愧

之，更著毀茶論。其後尚茶成風，時回紇入朝，始驅馬市茶。（唐書隱逸傳）

右補闕

毋煚，博學有著述才，上表請修古史，先撰目錄以進。元宗稱善，賜絹百匹。性不飲茶，製代茶飲序，其略曰：

「釋滯消壅，一日之利暫佳；瘠氣侵精，終身之累斯大。獲益則歸功茶力，貽患則不爲茶災豈非福近易

知禍遠難見？」（大唐新語）

陸龜蒙

揆茶歌

甫里先生陸龜蒙嗜茶。毖園於顧渚山下，歲入茶租，自爲品題，以繼茶經。（茶譜）

蔡君謨謂范文正公曰：『採茶歌云黃金碾畔綠塵飛，碧玉甌中翠濤起，今茶絕品其色甚白翠綠乃下

者耳，欲改爲玉塵飛素濤起如何』希文曰『善』（珍珠船）

龍團稱屈

東坡先生與魯直文潛諸人會飯，既食骨堆兒血羹。客有須薄茶者，因就取所碾龍團，遍啜坐人。或曰：

『使龍茶能言常須稱屈。』先生撫掌久之曰：『是亦可爲一題。』因撥筆戲作律賦一首以俾薦血羹

古今茶事

309

龍團稱屈為甜。山谷擊節，稱咏不能已已無藏本聞關子開能誦今亡矣惜哉（春渚紀聞）

焦坑

先人嘗從張晉彥覓茶，張答以二小詩：「內家新賜密雲龍，只到調元六七公，賴有家山供小草，猶堪詩

老髯春風」「仇池詩裏識焦坑，風味官焙可抗衡，鑽餘權倖亦及我，十輩遣前公試烹。」詩總得偶病，

此詩俾其子代書，後誤刊在于湖集中。焦坑產庾嶺下，味苦硬久方回廿。「浮石已乾霜後水，焦坑新試

雨前茶」坡南還回至章貢顯聖寺詩也後屢得之，初非精品特彼人自以為重包裹鑽權倖亦豈能望

建谿之勝。（清波雜志）

碾茶絕句

先人三弟季字德紹，為輝同庚同月，輝先十三日，自幼從竹林遊。德性敏而靜，中年後文筆加進嘗題悅

川礦茶絕句云：「獨抱遺經吞本乾，笑呼赤角碾龍團，但知兩腋清風起，未識捧甌春筍寒」頗有唐人

風致死已十年，遺藥失於收拾但宗族間得傳一二（清波雜誌）

謝餉茶書

楊廷秀謝傅尚書茶書：「遠餉新茗當自攜大瓢，走汲溪泉，束澗底之散薪，燃折腳之石鼎烹玉塵啜香

乳以享天上故人之意媿無胷中之書傳但一味攪破菜園耳」（銷夏）

代茶飲子

外臺祕要有代茶飲子一首云格韻高絕惟山居逸人，乃當作之予嘗依法治服，其利甚調中，信如所云。

而其氣味乃一服羨散耳與茶了無干涉〔薛能詩云「粗官乞與真拋却賴有詩情合得嘗」又作烏嘴

茶詩云：

茶詩云「鹽損添嘗戒蜜宜羨更誇」乃知唐人之於茶蓋有河朔脂麻氣也。（王讜集）

水聲

裴晉公詩云：

裴晉公詩云「飽食緩行初睡覺，一甌新茗侍兒煎；脫巾斜倚繩牀坐，風送水聲來耳邊」。公爲此詩，必

自以爲得志然吾山居七年享此多矣今歲新茶適佳夏初作小池導安樂泉注之得常熟破山重臺白

蓮植其間藥已覆水雖無淙潺之聲然亦澄澈可喜此晉公之所誦詠而吾得之可不爲幸乎！（避暑錄

話）

歐公詩

歐公和劉原父揚州時會堂絕句云：「積雪猶封蒙頂樹，驚雷未發建溪春，中洲地暖萌芽早入貢宜先

百物新」注云：「時會堂造貢茶所也」余以陸羽茶經考之不言揚州出茶惟毛文錫茶譜云：「揚州

禪智寺隋之故宮寺傍蜀岡其茶甘香味如蒙頂焉第不知入貢之因起於何時故不得而誌之也。（若

溪漁隱叢話）

茶詩

詩云：「誰謂茶苦。」爾雅云檟苦荼。注樹似梔子今早採者爲茶，晚採者爲茗，一名荈，蜀人名之苦荼，故東坡乞茶栽詩云：「周詩記苦荼茗飲出近世初綠厭粱肉假此雪昏滯。」蓋謂是也。六一居士嘗新茶詩云：「泉甘器潔天色好，坐中揀擇客亦佳。」東坡守維揚於石塔寺試茶詩云：「禪窗麗午景蜀井出冰雪坐客皆可人鼎器手自潔。」正謂諺云三不點也。（茗溪漁隱叢話）

茶詞

魯直諸茶詞，余謂品令一詞最佳，能道人所不能言，尤在結尾三四句。詞云：「鳳舞團團餅，恨分破、教孤另余渠休淨隻輪慢礙，玉塵光瑩。湯響松風早減二分酒病。味濃香永醉鄉路成佳境。恰如燈下故人萬里歸來對影口不能言心下快活自省。」（茗溪漁隱叢話）

茶

九經無茶字或言茶苦卽是也。見于爾雅，謂之檟茗，則是今之茶。但經中只有茶字耳。（學齋呫嗶）

茶磨銘

山谷作茶磨銘云：「楚雲散盡，燕山雪飛；江湖歸夢，從此祛機。」（談苑）

奇俊語

張又新煎茶水記：「粉槍木旗，蘇蘭薪桂陸羽茶經，煑華救沸。」皆奇俊語。（埤戶錄）

參寥茶詩

東坡云昨夜夢參寥師，攜詩見過而記其飲茶兩句云：「寒食清明都過了，石泉槐火一時新。」夢中問火固新矣，泉何故新答曰俗以清明淘井當續成詩以記其事。（茗溪漁隱叢話）

綠茶詩

三山老人語錄云：五代時鄭遨茶詩云：「嫩芽香且靈，吾謂草中英夜曰和烟搗寒爐對雪烹羅憂碧粉散，嘗見綠花生最是堪珍重能令睡思清」范文正公詩云：「黃金碾畔綠塵飛，碧玉甌中翠濤起」茶色以白為貴二公皆以碧綠言之何耶（茗溪漁隱叢話）

試茶詩

西清詩話云葉濤詩極不工，而喜賦詠嘗有試茶詩云：「碾成天上龍象鳳，煑出人間蟹與蝦。」好事者戲云：「此非試茶乃碾玉匠人嘗南食也。」（茗溪漁隱叢話）

茶筅子詩

茗溪漁隱曰子苔謝人寄茶筅子詩云：「看君眉宇眞龍種，尤解橫身戰雪濤。」盧駿元亦有此詩云：「到底此君高韻在，清風兩腋爲渠生。」皆善賦詠者然盧優於韓（茗溪漁隱叢話）

殺風景

西淸詩話云：義山雜纂品目數十，蓋以文滑稽者。其一曰，殺風景謂淸泉濯足，花上曬褌，背山起樓，燒琴

煑鶴，對花啜茶松下喝道。晏文獻慶曆中龍相守，穎以惠山泉烹日注從容置酒賦詩曰「稽山新茗綠

如煙，靜挈都藍惠泉，未向人間殺風景，更持醒醑醉花前。」王荆公元豐末居金陵，蔣大漕之奇夜謁

公於蔣山，艤喝甚都，公取松下喝道語作詩戲之云。「扶衰南陌望長楸，燈火如星滿地流，但怪傳呼殺

風景，豈知禪客夜相投」自此殺風景之語，頗著於世。

（苕溪漁隱叢話）

三山老人語錄

三山老人語錄云唐人以對花啜茶謂之殺風景，故荆公寄茶與平甫詩，有「金谷看花莫謾煎」之句。

（苕溪漁隱叢話）

魯直詩

苕溪漁隱曰：魯直以雙井茶送孔常文，常文答詩有「煎點徑須煩絲珠」之句，因戲答云，「知公家亦

闕掃除，但有文君對相如。政當爲公乞如願，作書遠寄宮亭湖」錄異傳云：盧陵歐陽明道彭蠡以船中

所有，投湖中云以爲禮，積數年，復過有數吏來候明云：『青洪君相邀』且曰：『盛公有禮且厚遣公願

勿取獨求如願耳』明旣見遂求如願，如願者，靑洪君婢也，明將歸所願報得數年大富。（苕溪漁隱叢

話）

314

茶歌

藝苑雌黃云：玉川子有謝孟諫議惠茶歌范希文亦有鬭茶歌，此二篇皆佳作也，殆未可以優劣論云。然玉川歌云「至尊之餘合王公何事便到山人家」；而希文云「北苑將期獻天子，林下雄豪先鬭美」；若論先後之序，則玉川之言差勝。雖然，如希文豈不知上下之分者哉亦各賦一時之事耳。

苕溪漁隱曰藝苑以盧范二篇茶歌皆佳作未可優劣論今錄全篇余謂玉川之詩優於希文之歌，玉川自出胸臆造語穩貼得詩人句法，希文排比故實欲形容宛成有韻之文是果無優劣耶。玉川走筆謝孟諫議惠新茶云：「日高丈五睡正濃將軍打門驚周公口云諫議送書信，白絹斜封三道印開緘見諫議面手閱月團三百片聞道新年入山裏蟄蟲驚動春風起。天子須嘗陽羨茶，百草不敢先開花。仁風暗結珠琲瓃，先春抽出黃金芽摘鮮焙芳旋封裹，至精至好且不奢至尊之餘合王公何事便到山人家。柴門反關無俗客紗帽籠頭自煎喫。碧雲引風吹不斷，白花浮光凝椀面。一椀喉吻潤，兩椀破孤悶。三椀搜枯腸惟有文字五千卷。四椀發輕汗平生不平事盡向毛孔散五椀肌骨清六椀通仙靈。七椀喫不得也，唯覺兩腋習習清風生蓬萊山在何處。玉川子乘此清風欲歸去山上羣仙司下土地位清高隔風雨。安得知百萬億蒼生命墮在顚崖受辛苦便爲諫議問蒼生，到頭合得蘇息否？」希文和章岷從事鬭茶歌云：「年年春自東南來，建溪先暖氷微開。溪邊奇茗冠天下，武夷仙人從古栽新雷昨夜發何處家家

嬉笑穿雲去。露芽錯落一番榮，綴玉含珠散嘉樹。終朝采掇未盈襜，唯求精粹不敢貪。研膏焙乳有雅製，

方中圭分圓中蟾。北苑將期獻天子，林下雄豪先鬭美。鼎磨雲外首山銅，瓶攜江上中冷水。黃金碾畔綠

塵飛，紫玉甌心翠濤起。鬭茶味兮輕醍醐，鬭茶香兮薄蘭芷。其間品第胡能欺，十目視而十手指。

仙不可攀輸同降將無窮恥。吁嗟天產石上英，論功不愧階前蓂。眾人之濁我可清，千日之醉我可醒。屈

原試與招魂魄，劉伶卻得聞雷霆。盧仝敢不歌，陸羽須作經。森然萬象中，焉知無茶星。商山丈人休茹芝，

首陽先生休採薇。長安酒價減千萬，成都藥市無光輝。不知仙山一啜好，冷然便欲乘風飛。君莫羨花間

女郎只鬭草，贏得珠璣滿斗歸。」（茗溪漁隱叢話）

雙井茶詩

茗溪漁隱曰：醉翁又有雙井茶詩云：「兩江水清江石老，石上生茶如鳳爪。窮臘不寒春氣早，雙井芽生

先百草白毛囊以紅碧紗，十斤茶養一斤芽。長安富貴五侯家，一啜尤須三日誇。」蔡君謨妬茗飲，又精

於藻鑒，嘗公開簡云：「向得雙井四兩其時人還未試，敘謝不悉，尋烹治之色香味皆精好，是為茗芽

之冠，非日注寶雲可並也。涪翁又舉雙井蓋鄉物也。」李公擇有詩嘲之，戲作解嘲云：「山芽落磑風迴

霧，曾與尚書破睡來，勿以姬姜棄憔悴，逢時瓦釜亦鳴雷。」又答黃冕仲索煎雙井，並簡王揚休詩云：

「江夏無雙乃吾宗，同舍顏似王安豐。能澆茗椀濯我，風神欲挹浮邱公。吾宗落筆賞幽事，秋月下照

澄江空家山鷹爪是小草，敢與好賜雲龍同不嫌水厄幸來辱寒泉湯鼎聽松風。」（苕溪漁隱叢話）

送茶詩

錢顗在秀州監稅，舊曾作臺官，始於秀州，與之相見；後錢顗作詩送茶來，某作詩謝之云：「我官於南今幾時嘗盡溪茶與山茗，胸中似記故人面，口不能言心自省。為君細說我未暇，試評其略差可聽。建溪所產雖不同，一一天與君子性。森然可愛不可慢，骨清肉膩和且正。雪花雨腳何足道，啜過始知真味永。縱復苦硬終可錄，汲黯少戇寬饒猛。草茶無賴空有名，高者妖邪次頑獷。體輕雖復強浮泛，性滯偏工嘔酸冷。其間絕品豈不佳，張禹縱賢非骨鯁。葵花玉䂎不易致，道路幽險隔雲嶺。誰知使者來自西，開緘磊落收百餅。嗅香嚼味本非別，透紙自覺光炯炯。秕糠團鳳友小龍，奴隸日注臣雙井。收藏愛惜待佳客，不敢包裹鑽權倖此話有味君勿傳，空使時人怒生瘿。」此詩云：「草茶無賴空有名，高者天邪次頑獷。」以讒世之小人若不諂媚天邪，須頑獷狠劣也。又云：「其間絕品豈不佳，張禹縱賢非骨鯁」亦以讒世之小人體輕浮，而性滯泥也。又云：「體輕雖復彊浮泛，性滯偏工嘔酸冷」亦以讒世之小人如張禹雖有學問細行謹飭，終非骨鯁之人也。又云：「收藏愛惜待佳客，不敢包裹鑽權倖此詩有味君勿傳，空使時人怒生瘿。」以讒世之小人，有以好茶鑽求富貴權要者見此詩當大怒也。（苕溪漁隱叢話）

山谷賦

山谷賦苦笋云：「苦而有味，如忠諫之可活國；多而不害，如舉士而能得賢」可謂得煎茶三昧。「洶洶乎如澗松之發清吹浩浩乎，如春空之行白雲」可謂得瀹茶三昧（岩棲幽事）

茶字

茶字自中唐始變作茶，其說已詳之唐韻正，按困學紀聞：荼有三，誰謂荼苦苦菜也；有女如荼茅秀也以蓼荼蓼陸草也。今按爾雅荼荼字凡五見而各不同：釋草曰荼苦菜，注引詩誰謂荼苦，其甘如薺疏云此味苦可食之菜。本草一名選一名游冬。易緯通封驗元圖云荼苦菜生於寒秋，經冬歷春乃成月令孟夏苦菜秀是也。葉如苦苣而細斷之有白汁花黃似菊堪食但苦耳。又曰蔈荂荼，注云按周禮掌荼，及詩有女如荼皆云荼茅秀也其別名此二字皆從草从余又曰荼虎杖注云：似紅草而廬大有細刺可以染赤疏云荼蓼，一名虎杖，陶注本草云：田野甚多壯如大馬蓼莖斑而葉圓是也。又曰荼委葉，注引詩以荼蓼蔘疏云荼蓼一名委葉王蕭說詩云：荼陸穢草然則蔘者原田蕪穢之草非苦菜也今詩本荼作蓼此二字皆从涂釋木曰檟苦茶。注：樹小如梔子冬生葉可煮作羮飲今呼早采者爲茶晚取者爲茗一名荈蜀人名之苦茶此一字亦从草从余今以詩攷之掘谷風之茶苦七月之采荼縣之菫茶皆苦菜之茶也又借而爲荼毒之荼也。夏小正取荼莠周禮地官掌荼儀禮既夕禮皆茵著用茶實紩澤焉詩鴟鴞捋荼傳曰荼崔苕也。正義曰謂亂之秀穗茅亂之秀其物相類故皆名荼也。

茅秀之茶也以其白也，而象之出其東門，有女如荼。國語，吳王夫差萬人爲方陳，白常白旗素甲白羽之矰，望之如荼。攷工記，望而眠之，欲其荼白亦茅秀之荼也。良耜之荼蓼，委葉之蓼也。唯虎杖之蓼與檟之苦荼，不見於詩禮。而王褒僮約云陽武買荼，張載登成都白莵樓詩云：芳荼冠六清。孫楚詩云：薑桂荼荈出巴蜀，本草衍義晉溫嶠上表貢荼千斤茗三百斤，是知自秦人取蜀而後始有茗飮之事。王褒僮約云：烹荼烹茶，後云陽武買茶，注以前爲苦菜後爲茗。（日知錄）

茶經等

陸羽嗜茶，著經三篇言茶之原、之法、之具尤備。天下益知飮茶矣。有常伯熊者因羽論復廣著茶之功其後尙茶成風。時迴紇入朝，始驅馬市茶，至明代設茶馬御史，而大唐新語言右補闕綦母㷡性不飮茶著茶飮序曰：「釋滯消壅，一日之利暫佳瘠氣侵精，終身之害斯大獲益則功歸茶力，貽患則不謂茶災豈非福近易知害遠難見？」宋黃庭堅茶賦亦曰：「寒中瘠氣莫甚於茶或濟之鹽勾賊破家。」今南人往往有茶癖而不知其害，此亦攝生者之所宜戒也。（日知錄）

自此後，茶字，減一畫爲荼。

大觀茶論

宋徽宗有大觀茶論二十篇，皆爲礪餅烹點而設，不若陶穀十六湯，韶美之極。（太平淸話）

品惠爾賦

徐長谷品惠泉賦序云：「叔皮何子遠遊來歸，汲惠山泉一罌遺余東皋之上。余方靜掩竹門，消詳鶴悲。奇事忽來，逸與橫發乃乞新火煮而品之使童子歸謝叔皮焉。」（太平清話）

乞梅茶帖

乞梅茶帖顧僧孺與某往來絕筆也。帖在正月五日十三日某從婁東歸，則僧孺死一日矣。其帖云：「病寒發熱思嗅臘梅花意甚切。敢移之高齋更得秋茗啜之尤佳。此二事兄必許我不令寂寞也。兩雪不止，將無上元後把臂耶」此帖字畫遒勁不類病時作人生奄忽如此何以堪之往與僧孺相酬答不下萬紙後無存者使人神傷朋友手澤亦何與人事要可發一時之相憶云爾。（梅花草堂筆談）

茶史

趙長白作茶史，致訂顧詳要以識其事而已矣。龍團鳳餅，紫茸驚芽泆不可用於今之世予嘗論今之世筆貴而愈失其傳茶貴而愈出其味此何故茶人省其口鼻穎人不知書字天下事未有不身試之而出者也。（梅花草堂筆談）

許然明

許次紓字然明，號南華，方伯茗山公之幼子。跛而能文，好蓄奇石好品泉又好客。性不善飲宴客每徹胥旦，金錯到手隨盡坐是屢困因出遊閩楚燕齊數千里外嘗裹金數鎰歸歸數月又盡貧自若也與黃貞

父、吳伯霖、張仲初、馮開之諸公善。家東城，近慈雲寺，並城對池，境甚瀟灑。所著詩文甚富，有《小品室漫柳齋二集》今失傳，予曾得其所著茶疏一卷，論產茶采摘炒焙烹點諸事凡三十六條，深得茗柯至理，與陸羽茶經相表裏。前有吳與姚叔度紹憲、同里許才甫世奇二序，稱然明歿後三年感夢於才甫曰：「欲以茶疏災木，今以累子」。才甫因授剞劂，文士結習，不能忘情於身後事，亦奇矣。（東城雜記）

　　采茶歌

舊春上元在衡山縣，曾臥廳采茶歌，賞其音調，而於辭句憒如也。今又口衡山，於其土音雖不盡解，然十可三四領其意義，因之而歎古今相去不甚遠，村婦稚子口中之歌，而有十五國之章法。顧左右無與言者，浩歎而止。（廣陽雜記）

　　施茶所

黃庸嶺有望蘇亭，施茶所也。其上有苍僧見修，母子出家於內。衡人全俊公，讀予為聯以贈，予題茶亭云：「趙州茶一口吃乾，臺山路兩腳走去。」題堂前云：「奉親入道成真孝，教子離塵是大慈。」題山門云：「門外鳥啼花落，莽中飯熟茶香」。（廣陽雜記）

　　蟹殼泉詩

仁和馬小藥嘗從其尊人秋藥太常視學陝廿，得嘗蟹殼泉，而作詩曰：「何年老阿旁，乘潮上絕壁誤墮

嚴陵中，遺筐化爲石。紅膏變玉腴，元津溢瑪礫，蟻窢同九迴，蚌汞時一滴，承以清絲瓶，重之素錦幕，玉孫喜茗事延客松風宅。小甖侍獠奴，輕甌捧詞伯。晴先魚眼生，爪從冤毫別。詩窰作兔褐色，有豬鬃蟹爪紋 琴聲聽爬沙詩情 到郭索釀酒當更佳，蟹黃同一脈」，朱人易以西湖，味殆劣。通州雪酒以前治蟹黃井釀之 鎮吟竹茂才成，系出囘紇嘉道間之錢塘諸生也，亦有試蟹殼泉詩云，「山深有石蜕，其色黝如鐵。云是試清泠迥與江水別。煎茶固其宜釀酒亦甘潔。」（清稗類鈔）

吳秋農飲鍋焙茶

鍋焙茶產邛州火井漕篛裹封遠致西藏，味最濃烈，能蕩滌羶腥羶厚味，喇嘛珍爲上品。乾隆末，錢塘吳秋農茂才闢世隨宦蜀中嘗飲之而爲詩曰：「我聞蜀州多產茶，檀誇茗荈名齊詫涪陵丹陵種數十中項上清爲最嘉臨邛早春出鍋焙彷彿蒙山露芽翠壓脊入白藥萬杵紫餅月團留古意火井槽邊萬樹叢馬駄車戴千城通。性醇味厚解毒癘，此茶一出凡品空竹君憐我病渴久，一鞭雙籠長嶺走清風故人與俱來，不思更貰當壚酒滌鎗洗碾屑桂藍活火烹試第二湯綠塵碧乳瀉百盞蘇我病骨津枯腸庭前一葉秋容淺天末懷人情輾轉何時辟井汲新泉共聽羊腸看蟹眼」（清稗類鈔）

祝斗巖詠羨茶

海寧祝斗巖員外櫂嘗作煑茶歌，以和傅笏嚴，歌云：「曉院鹿廬如轉轂，古牆不礙詩城築。春雲入頰細無痕卷簾長嘯清甌獨。十年間爲一官忙，乘與何當頻看竹。故園蕨火中肥覺來初報淩霄熟。我昔最慕武夷茶解事還能散馥郁。沸鼎松聲噴綠濤，雲根漱玉穿飛瀑。此時拄頰意超越澄身彷彿南泠曲。小軒蘭韻午晴初，個中自有眞清福。不須斗酒換西凉，春芽絕勝葡萄麴。習習生風兩腋間，狂來潑袖忘杯覆所謂伊人在水湄詩來百讀沁心脾鶴怨猿啼歸未得文成應有北山移。」（清稗類鈔）

吳我鷗喜雪水茶

以雪水烹茶，俊味也，吳我鷗喜之。嘗爲詩曰：「絕勝江心水，飛花注滿甌。纖芽排夜試，古甕隔年留。寒憶氷階掃香叄玉乳浮詞清應可比曾浣一襟秋」（清稗類鈔）

朱古徵不嗜茶

朱古徵侍郎祖謀不嗜茶嘗有睡起二絕句云：「病入梅天信有魔，透簾風與藥烟和，策勳茗椀非吾事，孤負一封春碧螺。」碧螺春，茶名，產太湖洞庭山，其味在龍井之上。「蒼鳩賺客語連晨草樹風乾不動塵，睡起南塘知有雨野雲爐篆雨輪囷。」（清稗類鈔）

王濛

晉司徒長史王濛,好飲茶,人至輒命飲之,士大夫皆患之,每欲往候,必云:今日有水厄。（世說）

皮光業一

天福二年,國建拜光業丞相,美容儀,善談論,見者或以為神仙中人。性嗜茗,常作詩,以茗為「苦口師」,國中多傳其辭。（吳越春秋皮光業傳）

皮光業二

皮光業最耽茗事。一日中表請嘗新柑,筵具殊豐,簪紱叢集。纔至,未顧視盤,而呼茶甚急,徑進一巨甌;題詩曰:「未見廿心氏,先迎苦口師。」眾噱曰:『此師固清高,而難以療饑也。』（清異錄）

喊山

文昌雜錄云:庫部林郎中說建州上春探茶時,茶園人無數,擊鼓聲聞數里;然一園中,才間鬭茶品已相遠;又況山園之異邪。茗溪漁隱曰:歐陽永叔嘗茶詩云「年窮臘盡春欲動,熱雷未起驅龍蛇。夜聞擊鼓滿山谷,千人助叫聲喊呀。萬木寒凝睡不醒,惟有此樹先萌芽。」余官富沙,凡三春,備見北苑造茶,但其地暖,纔驚蟄茶芽已長寸許,初無擊鼓喊山之事。永叔詩與文昌所紀皆非也。北苑茶山几十四五里,茶味惟均,豈有間鬭茶品已相遠之說邪。（茗溪漁隱叢話）

心一堂　飲食文化經典文庫

半斤

馬令南唐書云：「豐城毛炳好學，不能自給，入盧山，與諸生講詩，獲錢卽市酒盡醉時彭會好茶，而炳好酒，時人爲之語曰：「彭生坐賦茶三片，毛氏詩傳酒半斤。」（天祿識餘）

此坐

一鳩呼雨修篁靜立，茗椀時供，野芳暗度。又有兩鳥咿嚶林外，均節天成。盍子倚爐翦屏，忽龥忽止念旣虛開室復幽曠無事此坐長如小年。（梅花草堂筆談）

濟南人

濟南人不重茗飲而好酒，雖大市集，無茶肆，故勞動界之金錢消耗較少，而士夫之消耗光陰，亦不至如南人之甚，朋輩徵逐惟飲酒酒多高粱（清稗類鈔）

張則之嗜茶

丹徒張則之名孝思，嗜茶有茶癖，謂天地間物，無不隨時隨境隨俗而有變遷，茶何獨不然。陸氏之經，酌古準今定其不古宜而今未必宜有今然而古未必然茶亦有世輕世重焉。其嗜茶也出入陸氏之經，酌古準今定其不刊之宜神明變化，得乎口而運乎心矣且善別水性若他往，必以已品定之水自隨，能入其室而營其茶者必佳士也，則之順治時人。（清稗類鈔）

長沙人食茶

湘人於茶不惟飲其汁，輒丼茶葉而咀嚼之。人家有客至，必烹茶若就壺斟之以奉客，為不敬客去，啟茶碗之蓋中無所有蓋茶葉已入腹矣。（清稗類鈔）

蒙古人食茶

茶，飲料也而蒙古人乃以為食，非加水而烹之也。所用為磚茶，輒置於牛肉牛乳中雜煮之，其平日雖偏於肉食而不患壞血病者，亦以此。（清稗類鈔）

葉仰之嗜茶酒

葉仰之茂才觀文康熙朝之錢塘人。初嗜酒，醉輒嫚罵已而病，涓滴不能飲復嗜茶。（清稗類鈔）

德宗嗜茶煙

德宗嗜茶晨與必盡一巨甌，兩脚雲花最工選擇其次聞鼻煙少許，然後詣孝欽后宮行請安體。（清稗

類鈔）

茶癖

人以種物之葉製為飲料實為五洲古今之通癖其源蓋不可考西人嗜咖啡椰子，東人好茶其物雖以所居而異好飲一也。然據醫士研究謂此種飲料含水之多由百分之九十至九十八而此少許之飲料，

心一堂　飲食文化經典文庫

於身體實無所益，飲者亦藉其芬芳之氣，爲進水之階而已。茶癖非生而有也，乳臭之童，飲茶常苦其澀，不雜以糖果則不能下咽，長隨社會之所好，然後成癖成人有終歲不飲茶者，於身體之健康殊無影響，其非生命必需之物蓋無疑義。

世界產茶之地，首推吾國，次則印度日本錫蘭。西人視烏龍爲珍品，卽吾國之紅茶也。茶之上者製自嫩葉幼芽，間以花蕊其能香氣襲人者以此耳。劣茶則成之老葉枝幹枝幹含製革鹽最多，此物爲茶中最多之部，故飲劣茶害尤甚也。茶味苦得之茶素、茶素能激剌神經，飲茶覺神旺心濤，能澈夜不眠者以此。

然枵腹飲之，使人頭暈神亂，如中酒然，是曰茶醉。

茶之功用，仍恃水之熱力食後飲之，可助消化力。西人加以糖乳，故亦能益人然非茶之功也。茶中妨害消化最甚者，爲製革鹽此物不易融化惟大烹久浸始出者僅加以沸水味足卽傾出，飲之無害也吾人飲茶頗合法特有時浸漬過久爲可憂耳久煑之茶味苦色黃以之製革則佳蛩之腹中不可也。青年男女年在十五六以下者以不近茶爲宜其神經統系幼而易傷又健於胃無需茶之必要，爲父母者宜戒之。（清稗類鈔）

蠟環楪子

始建中蜀相崔寧之女，以茶杯無襯病其熨指取楪子承之，既啜而杯傾，乃以蠟環楪子之央，其杯遂定。即命匠以漆環代蠟進於蜀相，蜀相奇之，爲製名而話於賓親人人爲便用於代是後傳者更環其底愈新其製以至百狀焉。（資暇錄）

王城東茶囊

古人謂貴人多知人以其閱人物多也。張鄧公爲殿中丞，一見王城東逐厚遇之語必移時，王公素所厚，惟楊大年公有一茶囊唯大年至，則取茶囊具茶他客莫與也。公之子弟但聞取茶囊則知大年至；一日公命取茶囊羣子弟皆出覘大年，及至乃鄧公他日公復取茶囊又往覘之，亦鄧公也。子弟乃問公：『張殿中者何人公待之如此？』公曰『張有貴人法不十年當樞吾座』後果如其言。（夢溪筆談）

蜀公茶器

蜀公與溫公同遊嵩山，各攜茶以行。溫公以紙爲貼，蜀公用小木合子盛之。溫公見之驚曰：『景仁乃有茶器也』蜀公聞其言，留合與寺僧而去後來士大夫茶器精麗，極世間之工巧，而心尤未厭，晁以道嘗以此語客曰：『使溫公見今日茶器不知云如何也！』（曲洧舊聞）

茶羅子

心一堂　飲食文化經典文庫

張芸叟曰：「申公知人，故多得於下僚，家有茶羅子一金飾，一棕櫚。方接客索銀羅子常客也金羅子，禁

近也棕櫚則公輔必矣，家人常挨排於屏間以候之。』申公溫公同時人，而待客茗飲之器顧飾以金銀，

分等差益知溫公儉德世無其比（清波雜志）

第一綱茶

仲春上旬，福建漕司，進第一綱茶名「北苑試新」方寸小夸進御止百夸護以黃羅軟盝籍以青篛裹

以黃羅夾複臣封朱印外用朱漆小匣鍍金鎖又以細竹絲織笈貯之凡數重此乃雀舌水芽所造一夸

之直四十萬僅可供數甌之啜耳或以一二賜外邸則以生線分解轉遺好事以為奇玩茶之初進御也，

翰林司例有品賞之費皆漕司邸吏賂之間不滿欲則入鹽少許茗花為之散漫而味亦漓矣禁中大慶

會則用大鍍金盝以五色韻果簇𩝵龍鳳謂之繡茶不過悅目亦有專其工者外人罕知因附見於此。

（乾淳歲時記）

水豹囊

豹革為囊風神呼吸之具也蒇茶啜之可以滌滯思而起清風；每引此義稱茶為水豹囊。（清異錄）

銅葉

東坡後集從駕景靈宮詩云：「病貪賜茗浮銅葉，」按今御前賜茶皆不用建盞用大湯㲹色正白但其

制樣，似銅葉湯盞耳銅葉色黃褐色也。（演繁露）

茶具

長沙茶具精妙甲天下，每副用白金三百星，或五百星，凡茶之具悉備，外則以大縷銀合貯之。趙南仲丞相帥潭日，嘗以黃金千兩爲之，以進上方。穆陵大喜，蓋內院之工，所不能爲也。因記司馬公與范蜀公游嵩山，各攜茶以往，溫公以紙爲貼，蜀公盛以小黑合溫公見之曰：「景仁乃有茶具耶？」蜀公聞之因留合與寺僧而歸。向使二公見此當驚倒矣（癸辛雜識）

茶器

長沙匠者造茶器極精緻，工直之厚等所用白金之數，士夫家多有之，寶几案間，但知以侈靡相夸，初不常用也。司馬溫公偕范蜀公游嵩山，各攜茶往溫公以紙爲貼，蜀公盛以小黑合溫公見之驚曰：「景仁乃有茶器」蜀公聞其言，途留合與寺僧，凡茶宜錫竊意若以錫爲合，適用而不侈，貼以紙則茶味易損，豈亦出雜以消風散意，欲矯時弊耶，邵氏聞見錄云：「溫公嘗與范景仁共登嵩頂，由轘轅道至龍門，涉伊水至香山憩石臨八節灘，凡所經從，多有詩什作自序曰：遊山錄。攜茶遊山當是此時」（清波雜誌）

釣雪

趙凡夫倩人製茶壺，式頗時彬，輒毀之。或云，求勝彬壺，非也。時彬壺不可勝，凡夫恨其未極壺之變，故爾爾。聞有釣雪巖�受之家。僧純如云：狀似帶笠而釣者，然無牽合，意亦奇矣，將請觀之。（梅花草堂筆談）

（物志）

茶寮

搆一斗室，相傍山齋，內設茶具，教一童專主茶役，以供長日清談，寒宵兀坐，幽人首務，不可少廢者。（長物志）

滌器

茶瓶茶盞不潔，皆損茶味，須先時洗滌，淨布拭之，以備用。（長物志）

茶洗

以砂爲之，製如碗式，上下二層。上層底穿數孔，用洗茶，沙垢皆從孔中流出，最便。（長物志）

茶罏湯瓶

有姜鑄銅饕餮獸面火罏及純素者，有銅鑄如鼎彝者，皆可用。湯瓶鉛者爲上，錫者次之，銅者不可用。形如竹筒者既不漏火，又易點注。瓷瓶雖不奪湯氣，然不適用，亦不雅觀。（長物志）

壺以砂者爲上蓋既不奪香又無熟湯氣供春最貴第形不雅亦無差小者時大彬所製又太小若得受

水半升而形製古潔者取以注茶更爲適用其提梁臥瓜雙桃扇面八稜細花夾錫茶替靑花白地諸俗

式者俱不可用錫壺有趙良璧者亦佳然宜冬月間用近時吳中歸錫嘉禾黃錫價皆最高然製小而俗

金銀俱不入品（長物志）

茶盞

宣廟有尖足茶盞料精式雅質厚難冷潔白如玉可試茶色盞中第一世廟有壇盞中有茶湯果酒後有

金籙大醮壇用等字者亦佳他如白定等窰藏爲玩器不宜日用蓋點茶須熁盞令熱則茶面聚乳舊窰

器熁熱則易損不可不知又有一種名崔公窰差大可置果實果亦僅可用榛松新笋雞豆蓮實不奪香

味者他如柑橙茉莉木樨之類斷不可用（長物志）

擇炭

湯最惡煙非炭不可落葉竹篠樹梢松子之類雖爲雅談實不可用又如暴炭膏薪濃烟蔽室更爲茶厲

炭以長與茶山出者名金炭大小最適用以麩火引之可稱湯友（長物志）

時大彬壺

時壺名遠甚卽遐陬絕域猶知之其制始於供春壺式古樸風雅茗具中得幽野之趣者後則如陳壺徐

332

壺背不能剔娓大彬萬一矣。一云供春之後四家，董翰、趙良遠袁錢，其一則大彬父鵬也彬弟子李仲

芳芳父小圓壺李四老官號養心在大彬之上爲供春勁敵今罕有見者或淪鼠菌或重鷄彝壺亦有幸

有不幸哉。（秋園雜佩）

　　供春

宜興砂壺供春爲上時大彬次之時壺尚可得供春則絕蹟矣供春者陽羨名陶錄以爲龔子查初白詞

注以爲吳家婢也未知孰是。（兩般秋雨盦隨筆）

古今雅事叢刊

書名	編者	裝訂	定價
古今酒事	胡山源編	精裝本	七元
古今茶事	胡山源編	精裝本	四元
象棋與棋話全觀	馮武著	精裝本	五元
圍棋與棋事話	沈子丞編	印刷中	
圖譜調大觀	周家森編	精裝本	三元六角
京樂學指南	吳虞公編	平裝本二冊	各一元
食學大綱	許志豪編	精裝本	六元
樂法正傳	鄭志著	平裝本	一元
書圖名著叢刊	沈寄人編	精裝（合訂本）	一元八角
圖繪寶鑑	夏文彥著	平裝本	八角
藝林名著叢刊	馮武著	精裝本二冊	四元
（足本）芥子園畫譜	包世臣等	精裝本二冊	七元
馬駘畫類全典	陳抱一繪	精裝本	四元
橢圈聯筆大記	馬企周繪	平裝本	八角
幽默妙詩話	胡山源編	精裝本	一元八角
幽默詩選	胡山源編	精裝本	二元
小品精選	蘇淵雷編	精裝本	四元
詩詞名著叢刊	蘇淵雷袁等	精裝本	四元
美化文學名著叢刊	葉紹芒編	精裝本	三元六角
章台紀勝名苯叢刊	朱劍芒編	精裝本	三元二角

世界書局出版

心一堂 飲食文化經典文庫

壺背不能勞驥大彬萬一矣。一云供春之後四家，董翰、趙良遠袁錢，其一則大彬父時鵬也彬弟子李仲

芳父父小圓壺李四老官虢養心在大彬之上爲供春勁敵今罕有見者或淪鼠菌或重鷄彝壺亦有幸

有不幸哉。（秋園雜佩）

　　供春

宜興砂壺供春爲上，時大彬次之。時壺尚可得供春則絕蹟矣供春者，陽羡名陶錄以爲童子，查初白詞

注以爲吳家婢也未知孰是。（雨般秋雨菴隨筆）

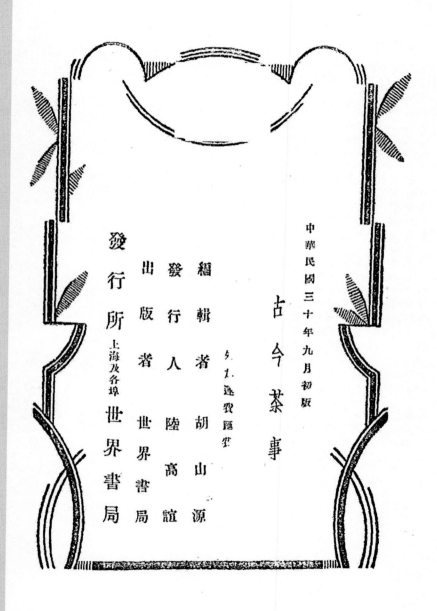

中華民國三十年九月初版

古今茶事

（外埠酌加運費匯費）

編輯者　胡山源

發行人　陸高誼

出版者　世界書局

發行所　上海及各埠　世界書局

書名：古今茶事
系列：心一堂・飲食文化經典文庫
原著：【民國】胡山源
主編・責任編輯：陳劍聰

出版：心一堂有限公司
地址/門市：香港九龍旺角西洋菜南街五號好望角大廈一〇〇三室
電話號碼：(852) 6715-0840
網址：www.sunyata.cc　publish.sunyata.cc
電郵：sunyatabook@gmail.com
心一堂 讀者論壇：http://bbs.sunyata.cc
網上書店：　　　http://book.sunyata.cc

香港發行：香港聯合書刊物流有限公司
地址：香港新界大埔汀麗路三十六號中華商務印刷大廈三樓
電話號碼：(852) 2150-2100
傳真號碼：(852) 2407-3062
電郵：info@suplogistics.com.hk

台灣發行：秀威資訊科技股份有限公司
地址：台灣台北市內湖區瑞光路七十六巷六十五號一樓
電話號碼：+886-2-2796-3638
傳真號碼：+886-2-2796-1377
網絡書店：www.bodbooks.com.tw
心一堂台灣國家書店讀者服務中心：
地址：台灣台北市中山區松江路二〇九號一樓
電話號碼：+886-2-2518-0207
傳真號碼：+886-2-2518-0778
網址：http://www.govbooks.com.tw/

中國大陸發行・零售：心一堂
深圳地址：中國深圳羅湖立新路六號東門博雅負一層零零八號
電話號碼：(86)0755-82224934
心一堂官方淘寶流通處：http://sunyatacc.taobao.com/

版次：二零一七年九月初版，平裝

定價：　港幣　　一百五十八元正
　　　　新台幣　五百九十八元正

國際書號 ISBN 978-988-8317-73-8